JN257431

犬の気持ちが もっと わかる本

獣医が伝えるアニマルコミュニケーション

たかえす動物愛護病院院長
アニマルコミュニケーター
高江洲 薫

二見書房

はじめに

私は獣医師として、アニマルコミュニケーターとして、30年以上にわたって多くの動物たちの声を聞いてきました。

彼らはとてもおしゃべりで、楽しいこと、うれしいことを、小さな子どものように話してくれます。不安なことやつらいこと、飼い主さんに言いたいのに伝わらないことなども、じっくり向かい合うと話してくれるものです。

動物たちの純粋な愛情にふれるたび、私は、

「飼い主さんに、もっと動物の気持ちを理解してほしい」

との思いを強くします。

動物の中でもとくに、人とのパートナーシップの歴史が長い犬は、飼い主さんと

強い絆で結ばれています。

楽しいときはともにはしゃぎ、つらいときはなぐさめるようにそっと寄り添い、いつも無条件に慕ってくれるのが犬という存在です。犬は飼い主さんのことが大好きで、全面的に信頼してくれています。

そんな彼らの気持ちをもっとよく知りたい、わかりたいという方に、ぜひ本書を読んでいただきたいと思います。

私の病院は、通常の注射や手術などの治療は行なわず、気功学にもとづいたエネルギー治療だけを行なっている、ちょっと変わった病院です。また、アニマルコミュニケーションに、オーラリーディング、過去世リーディングなどを加えた独自の「アニマルカウンセリング」を、これまで1万件以上も行なってきました。

本書の1章では、普通の獣医師だった私が、どのようにして動物の気持ちがわかるようになり、このような治療にたどり着いたかについてお話ししています。

2章では、私が実際にアニマルカウンセリングを行なった犬と飼い主さんとのエピソードをご紹介しています。

犬たちがどんなに飼い主さんを愛し、人に愛されて満足するだけでなく、役に立ちたい、家族を守りたいと強く願っていることか、おわかりいただけるでしょう。そして、ここに登場する犬だけが特別なのではなく、どの犬も同じように思っていることを感じ取っていただければと思います。

3章では、アニマルコミュニケーションの具体的なやり方をご紹介しています。私の方法は、特別な能力が必要なものではなく、「犬の気持ちを理解したい」と願う方ならどなたにでもできるものです。

実際、私が校長を務めるアニマルコミュニケーションカレッジでは、すでに300人以上もの方が学ばれて、犬との幸せな暮らしや仕事に役立てています。

最後に4章では、犬と人との別れについて、動物の死と転生についてお話しします。犬も人と同じように「成し遂げるべき人生の目的」を持って、この世にやってきます。そういった点からも、犬たちのことを理解したいものです。

そして、いずれはやってくる別れの前に、心にとめておいていただければと思います。

「うちの子は幸せなのでしょうか？」

と問う飼い主さんがいれば、私は迷いなく次のように答えます。

「あなたが『この子といられて幸せ』と思っているのなら、わんちゃんも幸せです」

あなたが幸せであることこそ、あなたの愛犬の望む幸せだということを忘れないでください。

この本が、あなたと犬との絆を一段と深め、犬との楽しく充実した日々の助けとなることを心より願っています。

２０１５年　春

高江洲　薫

目次

1章 もっとわかりたい！ 犬の気持ち、動物の気持ち

2章 犬の気持ちがわかる9つのストーリー

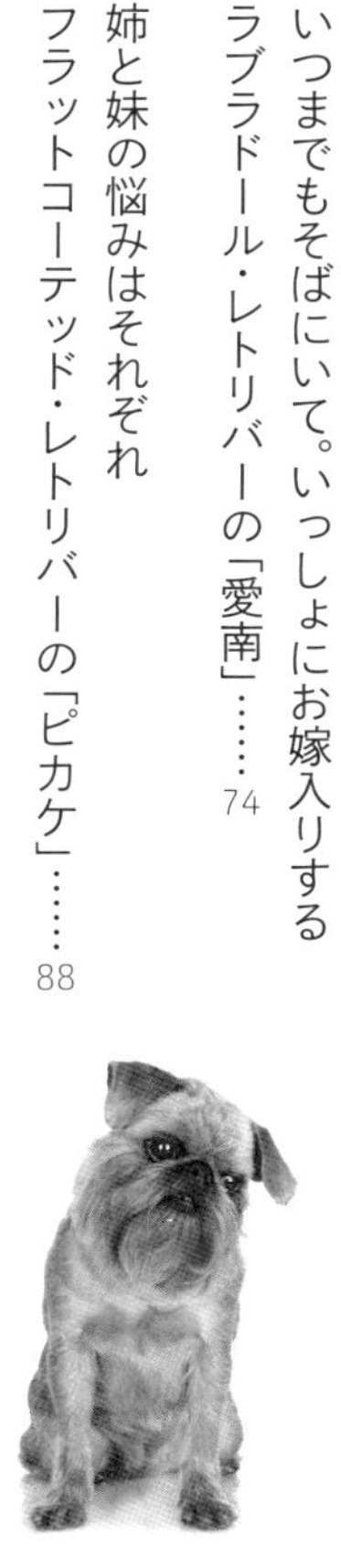

3章 実践！ 犬のアニマルコミュニケーション

4章 犬と人との出会いと別れ

1章

もっとわかりたい！
犬の気持ち、
動物の気持ち

コミュニケーションを大事にする動物病院

私は病院に来る犬や動物たちに、語りかけ、話を聞きながら、治療やカウンセリングを行なっています。彼らがどうしてほしいと思っているのかをたずね、「先生、ぼくのママはね……」などの楽しいおしゃべりに耳を傾け、動物たちの豊かな感情や愛情にふれながら、日々の診療をしています。

私がたかえす動物愛護病院を開業したのは、1989年のことです。

それまで獣医や動物関係の専門学校の専任教授などをしていましたが、私の理想とする「動物のことを思い、飼い主の身になって考える動物病院」の実現をめざしてスタートしたのです。

はじめは西洋獣医学にもとづいた治療を行なっていましたが、次第に動物の苦痛を癒やすことのできない治療に限界を感じるようになりました。

そして、気功学に出合ったことをきっかけに、動物を癒やすための独自のエネルギー療法やアニマルコミュニケーションを生みだしたのです。

2003年からは注射や投薬、手術などの治療をやめ、エネルギー治療とアニマルカウンセリングによって、犬や猫をはじめ、うさぎ・ハムスター・小鳥などの小動物、かめ・イグアナなどの爬虫類、さらにはさるや馬にいたるまで、あらゆる動物を診療しています。

エネルギー治療は、気功学にもとづき、からだにエネルギーを流すことによって、動物の持つ免疫力や自然治癒力を高めていくもので、私が数多くの臨床体験やヒーリングをする中で編みだした独自の療法です。

緊急対応が必要な病気以外はすべてエネルギー治療を行ない、乳がんをはじめとするがん、肝炎・腎炎・膵炎などの内臓疾患、肺炎・気管支炎などの呼吸器疾患、てんかんなどの神経疾患、心雑音などの心疾患、白内障・緑内障などの眼病、皮膚病、腰痛、神経症状などに、さまざまな効果や成果をあげています。

現在、当院では外科的な手術や投薬で症状を抑えることはしていないため、病状によっては、西洋獣医学的治療との併用をおすすめしています。動物は病気による身体的な苦しみだけでなく、精神的な苦痛や不安を抱えていることもあるため、総合的に対処していくことが重要です。

治療の中でも必要に応じて動物の声を聞き、メッセージを飼い主さんに伝えることはありますが、彼らの気持ちや性格、状況をより深く理解するためにはアニマルカウンセリングを提案しています。

アニマルカウンセリングでは､事前に問診票と動物の写真を提出していただいて、遠隔リーディングを行ないます。オーラリーディングで、肉体、感情、精神それぞれの状態を、オーラから読み取ることもします。

さらに、過去世リーディングで1世代前の過去世を読み、過去世がその動物の今の状態にどのような影響を与えているのか、今世で目的とすることは何か、問題をどう解決していったらいいかなどもリーディングしていきます。

そのあとで実際に来院していただき、アニマルコミュニケーターによるリラクセーションヒーリングを行ないます。

カウンセリングでは、私が飼い主さんの質問に答え、オーラや過去世を説明し、その場で動物の気持ちを聞きながらアドバイスをします。動物に対してどのように接すればよいかお話しし、飼い主さんから動物にかけてあげてほしい、彼らの心を癒やす「言霊（ことだま）」（148ページ参照）などを伝えていきます。

これまでに1万件以上のアニマルカウンセリングを行なっていますが、その中でも、もっとも多いのが犬の来院です。病気の治療だけでなく、しつけでは解決できない問題行動がある、うちの子の気持ちを知りたいといった方が、アニマルカウンセリングを受けられています。

アニマルコミュニケーターとしての出発点

子どものころから動物好きだった私は、いつからか野生動物とふれ合う仕事がしたいと思うようになり、獣医大学へと進みました。

大学は教室での授業ばかりで現場の実習があまりにも少なく、興味を失いかけたこともありました。これではいけないと、するべきことをさがし続けていたときに、コンラート・ローレンツ博士の本と出合い、動物行動学への興味がわいてきました。

博士は、ハイイロガンのヒナに母親と間違われた経験をきっかけに、「刷り込み現象」を発見した動物行動学の大家です。彼が湖でヒナたちと泳いだり、頭の毛を毛づくろいしてもらっている姿に、人と動物がこのようにコミュニケーションできるのかと感動したものです。

さまざまな行動学や動物の本を読み、実際に野生の動物とコミュニケーションしたいという思いから、頼みこんで動物園で研修を受け、貴重な体験をすることもできました。けれども、獣医になっても動物園への就職はかないませんでした。

獣医になった当初、私は、一般的な西洋獣医学にもとづいて診療を行なっていました。

その後、「もっと動物にやさしい治療ができないか」と、気功をベースとしたエネルギー治療を行なうようになると、からだのまわりにいろいろな色が見えることに気づきました。これが、私がオーラを見て、動物たちの気持ちを感じるようになる第一歩だったのです。

動物のまわりに見える色の光はオーラであり、その色に、からだの状況や心の様子が表れています。

たとえば、さびしい子の場合はブルーが見え、肉体のオーラにも冷たい色が多く、代謝が悪くなっていたり愛情を求めている子の場合は、訴えるようなピンクが見えるというように、さまざまな色によってからだと心の状況がわかるようになっていったのです。

さらに私は、動物たちの表情や行動に彼らの気持ちが表れていることにも、気づき始めました。飼い主さんの言うことに対して、「ホント、ホント」とうなずくような単純な動作や、からだをブルブルふるわせて「ちがうよ」と言っているような動作は、わかりやすいものでした。

それ以外にも、一見、見逃してしまいそうな微妙な目や耳の動き、表情など、彼らの表現を観察するうちに、「きっとこう言っているんだろう」ということが次第にわかるようになったのです。

こうして私は少しずつ「この子のオーラから見て、さびしいと思っているようですよ」「もっと甘えたいようですよ」など、動物たちから感じた気持ちを飼い主さんに伝えるようになりました。

やがて、オーラを深く読み取ることができるようになった私は、その動物のオーラの中に過去世の映像が見えるようになり、過去世での出来事が今の動物たちの行動や問題、病に大きな影響を与えていることに気づきました。

そして驚くことに、動物たちの過去世を飼い主さんに伝えることで、問題行動や病が癒やされていったのです。

こうして、私は動物とのコミュニケーションとともに、過去世リーディングも行なうようになりました。

私が動物の気持ちを声として聞くようになったのは、重症の動物を診ているときのことでした。おそらく、大変な状態の彼らが必死に発する声の力が、大きくてキャッチしやすかったのでしょう。

ある女性が、年を取った小さなヨークシャー・テリアを連れてきたときの話です。

女性は我が子のようにその犬を愛しており、「これからも元気で長生きしてほしい」と、私の病院に通ってくれていました。とても賢い子で、動作や表情から、気持ちが手に取るようにわかりました。

私はできれば、動作や表情だけではなくて、この子の気持ちが言葉で聞こえたらどんなにうれしいだろうと思いながら、ヒーリングを続けていました。

もともと高齢で心臓が悪かったため通院していたのですが、あるときいつものように心臓に手を当ててヒーリングしていると、突然「苦しい、苦しい」という声が聞こえてきました。

最初は自分の耳を疑いました。しかし、間違いなく、その子がその声を発したということを感じたのです。思わず私は、

「楽にしてあげるには、どうしたらいい？」

と、心臓の状態が急変しないよう必死にたずねました。すると、

「もっと胸の上をさすってほしい」

と声が教えてくれたのです。

私はその子の胸をさすり、気がつくと、エネルギーを流すというより、心臓の中にたまった悪いエネルギーを抜くという形をとっていました。

ヒーリングを続けていくと、エネルギーが変化し、心拍数も変わっていくのがわかりました。そしてその子が、心からうれしそうに言ってくれたのです。

「胸が楽になった。すごく楽になった。ありがとう」

今でもそのときの感動は忘れられません。

私は「動物と話ができる。そして、実際に彼らに聞きながら、からだを癒やすことができる」と考えて、喜びに満たされました。


こうして私は、「どのようにしてほしいか」と、動物と直接コミュニケーションしながら診察をするようになったのです。

そして、現在では治療だけでなく、アニマルカウンセリングにより、犬の問題行動や飼い主さんの悩みを解決するためにもコミュニケーションを役立てています。

声を聞くことまではできなくても、犬たちは動作や表情で気持ちを表しています。多くの飼い主さんがこれに気づき、少しでも気持ちを感じてあげるためにいかしてもらいたいと思います。

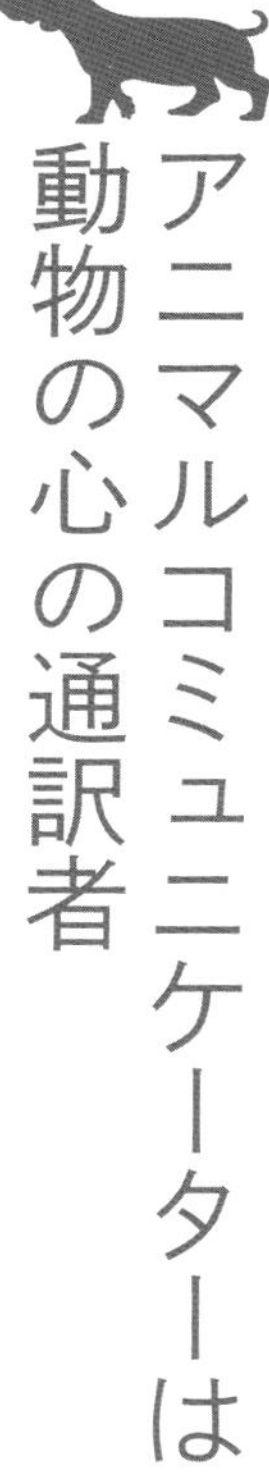

アニマルコミュニケーターは動物の心の通訳者

私の動物病院では人を診察するように動物たちに接するので、はじめての方は不思議に感じられるかもしれません。来院した動物とコミュニケーションをとって問診しながら、気功学にもとづいたエネルギー治療を行なっています。

動物たちは診察台の上で、さまざまなことを教えてくれます。それは、自分のからだのことばかりでなく、大好きな飼い主さんの話であったりもします。

あるわんちゃんはとても楽しい子で、

「先生、ぼくね、すごくいいことがあったんだよ！」

と話しかけてくれました。

「ママが最近、おしゃれになって楽しそうにしてるんだ。そしたら、パパも喜んでくれた。だからぼくもうれしくて、散歩のときもママのことがすっごく自慢なんだよ」

と言うのです。

この子の飼い主さんは病気がちの女性だったのですが、最近体調がよいため、おしゃれも楽しむようになっていたのです。元気できれいになった飼い主さんを見て、愛犬は小さな子どものように喜んでいるのでした。

私は治療の中でアニマルコミュニケーションを実践し、コミュニケーターとして動物の気持ちを聞き取り、飼い主さんに伝えています。

アニマルコミュニケーターは、動物と飼い主さんがよりわかり合えるために、動物のしぐさや表情、声を読み取り、気持ちを通訳するのが仕事です。

最近は犬を飼う人が増え、アニマルカウンセリングにも、「うちの子の気持ちが知りたい」という犬の飼い主さんがたくさんいらっしゃいます。

「しつけがうまくいかないんです」

「吠(ほ)えて困ります」

といった悩みのケースもあれば、

「うちの子はどうしてほしいのでしょうか?」

「この子は幸せに感じていますか?」

という方もいます。

アニマルカウンセリングでは、犬の気持ちを聞くだけでなく、オーラや過去世をリーディングすることで、その子が抱えている問題を明確にすることができます。

過去世の記憶から不安や恐れを感じていることも多いので、根本的な問題がわかれば、解決法をアドバイスすることができます。その犬が何に悩み、何を不安に思っているかがわかれば、飼い主さんがどのように接すれば気持ちを癒やし、守ってあげられるかわかるのです。

ペットの中でもとくに人との関わりが強い犬にとって、飼い主さんからの的確な言葉ほどうれしいものはありません。

アニマルカウンセリングを受けて、飼い主さんに気持ちをわかってもらえた子は、本当にうれしそうに喜んでくれます。

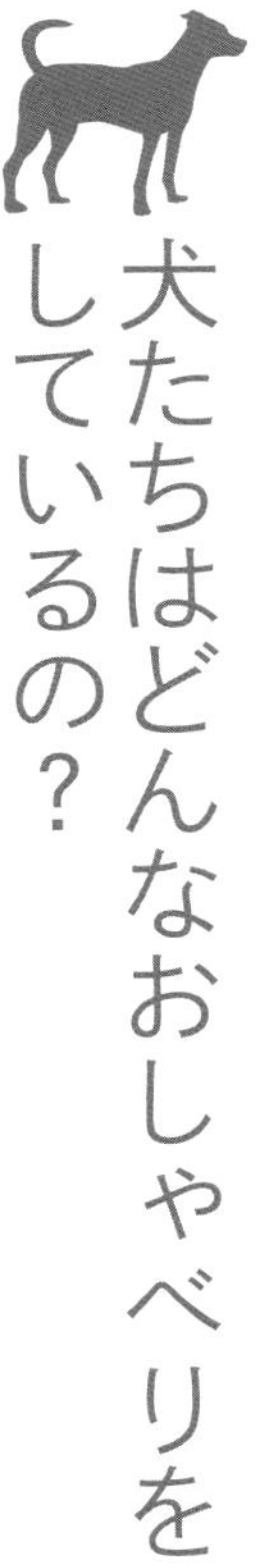

犬たちはどんなおしゃべりをしているの？

散歩中の犬たちは、出会いがしらにいろいろなおしゃべりをしています。犬にとっていっしょにいる飼い主さんがどんな表情で、どんな様子であるかは、とても大きなポイントです。

たとえば、犬の散歩だからといって、いつも薄汚れたジャージでボサボサの髪をしていたら、その子はどんな気持ちでしょうか。反対に、犬友だちに「君のママ、きれいでいいね」と言われたら、うれしくてたまらないでしょう。

「うちの子が最近、散歩を嫌がるんです」

という飼い主さんがいたので、その子に聞いてみました。

「どうしたの？　ママと散歩するの好きだったんじゃないの？」

その子はもじもじしながら、教えてくれました。

「ほかの犬たちがママの悪口を言うんだ……」

散歩仲間の飼い主さんの間で、「あの人、最近太ったんじゃない？」と言われていたらしいのです。すると、飼い主さんに同調して犬たちも、「君のママはデブだよね」なんて失礼なことを言うようになったのです。

そのため、「ママが恥ずかしい思いをするんじゃないか」と心配で、その時間には散歩に行きたくないと嫌がっていたのでした。「ママを傷つけたくない。ママを守りたい」という、切ない子ども心だったのですね。

また別のわんちゃんで、散歩は大好きなのに、ご主人とは行きたがらないということもありました。ご主人が急に訓練にめざめてしまい、「スワレ」「マテ」「コイ」などと散歩中にするのだそうです。

「ぼくはそんなことしたくないんだ。いっぱいにおいをかいだり、楽しく歩いたりしたいのに！」

とその子が言うので、ご主人に伝えました。ご主人が、

「わかったよ。もうそんなことしないから」

と約束すると、「パパ、行こう」と喜んで散歩に行くようになったとのことでした。

犬も性格がいろいろですから、訓練が好きで飼い主さんとアジリティ（犬と人間が協力して障害物をクリアしていく競技）でがんばるのが楽しい！　という子もいます。それぞれの子の気持ちがわかれば、嫌なことを無理強いしたり、見当違いなかわいがり方をすることもなくなるでしょう。

飼い主さんはもっと犬たちに話しかけ、気持ちに耳を傾けるようにしてみてください。犬たちが伝えようとしていることを感じ、気持ちを通い合わせることができれば、犬も飼い主さんもより楽しい日々が送れることでしょう。

次の章では、アニマルカウンセリングを通して見た、飼い主さんと犬とのさまざまなエピソードを紹介していきます。犬たちのメッセージから、彼らがどれほど人を思い、愛情を持ってくれているのかを感じていただければと思います。

2章

犬の気持ちがわかる 9つのストーリー

この章でご紹介する9つのストーリーは、
私の病院で実際にアニマルカウンセリングを受けられた
犬と飼い主さんのエピソードです。
写真もすべて、実際の犬たちのものです。

家族とともに
悲しみの日々を
乗り越えた
ラブラドール・
レトリバーの
「ロン」

家族の一員として暮らす犬は、いつも家族の歴史とともにあり、楽しいときも悲しいときも気持ちを共有しています。私たちが犬をかわいがり、いとおしく思っている以上に、犬は家族を愛しているのです。

家族みんなの気持ちに寄り添い、ともに悲しみを乗り越えたラブラドール・レトリバーの男の子、ロンの話をしましょう。

パパの入院と家族の不安

ロンは現在15歳。ラブラドール・レトリバーとしては、かなりの高齢です。生まれてすぐ、パパ、ママ、当時中学生と小学生の兄弟の4人家族の浅川家にやってきて、15年間、家族みんなに愛され、喜びと、ときには悲しみを分け合ってきました。

ロンが7歳のころ、浅川家にもっともつらい出来事がありました。パパが病気で入院してしまったのです。長い入院生活の間、ママもずっと病院に通い詰めでした。家に帰ってきたママはいつも疲れきっていて、とてもつらそうでした。

家でゆっくり過ごすこともできず、ロンの相手をする暇もありません。でも、家族みんながパパの病気を心配し、不安な気持ちで過ごしていることは、ロンにもよくわかっていました。

ロンは後日、私のアニマルカウンセリングを受けたとき、そのころの気持ちを話してくれました。


ぼくはとてもさびしかった。

もしかしたら、パパは帰ってこないのかもしれない……そう思うと、不安でたまらなかった。

ママもみんなもつらそうで、そんな気持ちが少しでも明るくなるようにがんばったけど、とてもむずかしかったよ。

だから、パパに「必ずうちに帰ってきて」ってお願いしたんだ。

パパが帰ってくるのを、ずっと待っているよって。


けれども、みんなの思いは届かず、パパが病院から戻ることはありませんでした。

ロンに託されたパパの思い

パパが家族に見送られて旅立ち、しばらくたったある日のこと、ロンはパパから家族を託すメッセージを受け取ったといいます。ロンがいつもママや家族を心配して、元気づけようとしていたことは、パパに十分に伝わっていたのです。

それからのロンは、パパの気持ちに応えるために、それまで以上にがんばる決意をしたのでしょう。家族に愛情を注ぎ、パパのように見守るようになっていたのが、私から見てもわかりました。


パパは家に帰ってくることはできなかったけど、亡くなってからぼくのところに魂でやってきて、「家族を頼むよ」って言ってくれたんだ。

パパに頼まれたことがうれしくて、ぼくは約束した。

必ずみんなを守るよって。

だから、ちょっと生意気かもしれないけど、お兄ちゃんには「かずき、がんばれよ」って、呼び捨てで思いを伝えている。

弟には、パパが呼んでいたように「たくちゃん、がんばってね。パパが見ているからね」って伝えているんだ。

ママ。ぼくはママのことが大好きだよ。

家族で一番、ママのことが好き。

ママが元気だと家族みんなが元気になれるから、ぼくがママを支えられるようにがんばりたいんだ。


ロンのこの言葉を伝えると、ママも息子さんたちも納得していました。パパのかわりを果たそうとするロンのがんばりを、みんなが感じていたからです。

犬は愛情深く、いつも家族のことを大切に思っています。愛する飼い主さんが幸せであることが、彼らにとっても幸せなのです。

中でもロンは、とくに家族への思いが強い子です。家族みんなのためにも、ママを元気づけることが大事だと理解しているのでしょう。

もともと情熱的で元気な子ですから、はめをはずしてはしゃいでしまうこともありますが、それをママに叱られるのもロンにはうれしいのです。そうやって叱られることで、「ママは今日も元気だよ」とパパに報告しているのかもしれません。

自分がパパとの約束を果たせていること、家族を守るという役割を与えられていることが、今のロンにとってかけがえのない幸せなのです。

時間はもうたくさんはないから

ロンは今、ママとおばあちゃん、もう立派な大人になった兄弟ふたりの4人家族を見守りながら暮らしています。

ロンは散歩が大好きで、とくにお兄ちゃんが連れて行ってくれそうなときは、大喜びで跳びはねてしまいます。調子がいいときのロンは、「ぼくはこんなに走れるよ！　腰も大丈夫なんだよ」と見せたくてたまらないのです。けれども実際は、高齢で腰があまりよくないため、定期的に私の病院で治療を受けています。

最近のロンからは、やさしくおだやかなエネルギーが感じられ、精神的なエネルギーがより強くなっているのがわかります。人も動物も老いていくものですが、ロンはすでに人生をまとめる段階に入っているようです。

そして今、ロンが自分のからだよりも心配でならないのは、やはりママのこと。

パパが入院していたころの、ママのつらそうな様子を思い出してしまうのです。

先日の治療のときにも、精いっぱいのメッセージを伝えてくれました。


ぼくはこれまでたくさん愛されて、その分、自分なりにがんばってきたつもり。

パパの役に立とうと一生懸命やってきたけど、パパは認めてくれているかな。

今のぼくでいいですか？　満足してくれていますか？

ぼくが歩けなくなったら、家族に迷惑をかけて、役目も果たせなくなってしまう。

浅川家のロンとしてのぼくは、終わりの時期が来ているんだ。

でも、ぼくがいなくなったら、ママがパパのときのように悲しむんじゃないかって心配でたまらない。

ママ、時間はもうたくさんはないから、もっとぼくに甘えて、ぼくにしてほしいことを言ってほしいな。

ママが満足するまで、ぼくは必ずがんばるから。


パパが亡くなったときの家族の悲しみ、ママの苦しみやつらさを思うと、自分が

いなくなったあとのことまでもが心配なのです。

私は、ママから、ロンにこう伝えてもらいました。

「今のままで十分だよ。ロンはとてもがんばってくれて、ママも家族も満足しているよ」

そして私からは、

「ママは前よりもずっと強くなって、前とはちがうよ。何も心配しないで、ロンは自分らしく、今の暮らしを楽しんでくれればいいんだよ」

と伝えました。するとロンは、さらにメッセージを送ってきました。

「ぼくがいなくなっても、すぐにはかわいい子犬を連れてこないで」

と言うのです。


ママが本当にぼくのことを愛してくれているのはわかるけど、散歩でほかの犬に会うと、「まあ、かわいい！」ってなでなでするときがあるんだ。

ぼくがいなくなったら、すぐに別の子犬を飼うのかな。

せめて、しばらくはぼくのことだけを思っていてほしいな……。

ママは約束してくれました。

「ロンはかけがえのない家族だよ。すぐに別の子を連れてきたりしないし、ロンのことは永遠に忘れないよ」

それが家族みんなの思いなのです。ママは小型犬を見ると、

「ロンがあれくらい小さければ、腰が悪くても抱っこしてあげられるのに……。ママもロンを抱っこしてあげたいのに……」

と思っていたそうです。そんな場面を見て、ロンは勘違いで嫉妬してしまったのかもしれません。

ロンは精神性も高く、わがままではないので、「新しい犬を迎えるのは許せない」と思っていたわけではありません。ただ、かわいい切ない気持ちで、「すぐに忘れられちゃったらさびしい」ということだけは伝えたかったのです。それだけ愛情深い子で、パパ亡きあと、自分がママと家族を支えてきたという自負があるのです。

残された時間はあまりないかもしれないけれど、最後までパパとの約束を果たし、ママとの約束を信じて幸せに暮らせることでしょう。

名前も変えて過去世のトラウマを癒やした

チワワの「サミエル」

私の病院には、病気だけでなく、問題行動があったり、どうやってしつけたらよいかわからないという動物も連れられてきます。自分の犬の気持ちをよく理解して、もっと仲良くなりたい、上手に接していきたいという飼い主さんが多いのです。

アニマルカウンセリングでは、その犬を家族に迎えた経緯から、家族構成や住まいの環境などをうかがいます。

さらに、犬のことをより深く理解するため、オーラや過去世も見ています。なぜなら、ほとんどの犬たちが、過去世の影響を少なからず受けているからです。

犬の一生は十数年と短く、人間よりも短いスパンで生まれ変わるため、過去世の記憶やトラウマを持っていることも少なくありません。それが犬の性格や体調、一見不可解に見える行動に表れることもあるのです。

都内でひとり暮らしをしている女性が飼っていたチワワの男の子、サミエルも、過去世の体験をそのまま現世に持ち越してしまっている子でした。

心の中に飛びこんできた子犬

飼い主の熊谷さんとサミエルの出会いは、運命的なものでした。熊谷さんはひとり暮らしということもあり、もともと犬を飼うことは考えていませんでした。

ところが、ある冬の日、なんとなく立ち寄ったペットショップに、気になる子犬を見つけたのです。ロングコート（長毛）のチワワの男の子が、暗い表情でケースの中でうずくまっていました。

とはいえ、人気犬種のチワワですから売れ残ることもないだろうと思っていたのですが、ときどきショップに行ってみると、その子犬はいつまでもいるのです。やせ細り、顔つきも厳しくなって、最終処分のような売られ方をしていました。

そして、3月になり大きな地震がありました。熊谷さんの住まいに被害はなかったものの、漠然とした不安がぬぐえない日々が続きました。

そして数日後、熊谷さんはふいに、自分の中にあのチワワの映像を見たのです。子犬はこちらを向いてしっぽをふりながら、「仲良くしようよ」「いっしょに暮らそうよ」と話しかけているようでした。

子犬の映像はその後も何度も現れ、どうしていいかわからなくなった熊谷さんは、かかりつけのセラピストに相談しました。

「私には霊的なことはわからないけれど、その犬はあなたが飼っていいのではないかと思いますよ。あなたのように繊細で敏感な人には、動物のお友だちがいたほうがいいのではないですか」

セラピストのアドバイスに背中を押され、熊谷さんはチワワを飼うことに。チワワはもう子犬としては売れないほどの時期、生後7か月になっていました。

犬は存在するだけで愛を教えてくれる

名前はマックスに決め、はじめての犬との暮らしが始まりました。

ペットショップでは暗い表情に見えたマックスですが、家に来てからはすぐに、元気で活発な性格が出てきました。見た目のかわいさどおりのお茶目な面もあり、マックスといっしょにいると楽しくて、気持ちまで明るくなるようでした。

仕事で失敗したり、気に病むようなことがあったときでも、どん底まで落ちこむことがなくなったと思えるほど、マックスの存在は大きなものでした。「いつくしむ」「いとおしむ」ということはこういうことなのだなと、熊谷さんは日々実感したと言います。

犬はただ存在するだけで、愛し愛されることを教えてくれるのです。

マックスを迎えてから4か月がたったころ、熊谷さんは、私のアニマルカウンセリングにやってきました。じゃれていると熊谷さんの手を甘がみしてくるのですが、それが傷になることもあるほどの強さで、何とかやめさせたいとのことでした。

また、ときにいじけるような態度が見えるのも気になる、とのことでした。体調面では、むせるように咳きこむことがあり、どこかからだに弱いところがあるのではないかという心配もありました。

私はマックスを見て、彼が自分の気持ちを抑えているため、のどのエネルギーポイントが詰まり気味になっているのを感じました。咳きこむのはそのためで、根本的に肺が悪いということではありません。

自分の気持ちを出せるようにすることが、今後の病気を防ぐためにも重要だったのです。

マックスは飼い主さんを気づかって、自分の気持ちを出せなかったのです。信頼関係がもっと強くなれば、素直に自己表現できるようになるでしょう。熊谷さんが繊細で敏感なことをわかっているため、「助けたい」とも思っています。

熊谷さんは、マックスがなぜ自分を選んだのか、過去世ではどんな犬だったのかも知りたいとのことでした。

マックスの過去世 アメリカに住むミックス犬

過去世のマックスの飼い主は、アルコール依存症のひとり暮らしの女性でした。以前は結婚していたのですが、夫が失業して経済的な不満が大きくなるとケンカが絶えなくなり、マックスを連れて家を出てしまったのでした。

結婚していたころはとてもやさしく、マックスを大事にしていましたが、ひとり暮らしになると次第に精神的に荒れていき、アルコール依存症になってしまったのです。

さらに不運なことに、飼い主はリストラされて職を失ってしまいました。それまでキャリアウーマンとしてがんばってきた彼女は、ますます生活が荒れ、ちょっとしたことでマックスに八つ当たりするようになったのでした。

そして、ひどいときにはマックスを棒でたたいたり、バスルームへ引っ張っていって水をかけたりすることもあり、マックスは恐怖と混乱で、つねにビクビクしながら飼い主の顔色をうかがっていました。

飼い主はお酒を飲んで当たり散らしたあとは、われに返ったように正気に戻り、泣きながら謝りました。マックスは飼い主がどれほど自分を愛しているかわかっていたつもりでしたが、その豹変ぶりにはとまどいました。

そして、なんとか飼い主を助けたいと思ってもどうしたらよいかわからず、次第に部屋の片隅にうずくまって、「どうか怖い思いをしなくてすみますように」と願うようになったのです。

重い精神的な病にかかった飼い主は、薬とお酒を交互に飲んで気をまぎらわす生活を続けていましたが、とうとうこれ以上は耐えきれないと、バスタブで手首を切って自殺してしまうのでした。

マックスは、動かなくなった飼い主をひたすらなめ続け、さびしそうに鳴き続けました。しかし、もう手遅れであり、飼い主の遺体のそばで悲しみ続けるしかありませんでした。

数日後、様子を見に来た飼い主の家族が、亡くなっている飼い主と、衰弱しきったマックスを発見しました。飼い主の家族は自分たちの家で犬を飼えないため、マックスはそのまま安楽死させられてしまうのでした。

愛する者から傷つけられ、そして愛する者を目の前で失ったマックスは心に深い傷を負い、亡くなったあともすぐに生まれ変わることができず、5年間、霊体のままさまよい続けました。

そして、日本に生まれ変わった今も、過去世での悲しみや心の傷が癒やされずに残っているのです。

成し遂げられなかった思いを達成したい

マックスが熊谷さんのところへ来ることを選んだのは、「この人なら、自分の心の傷をわかってくれる」と信じたためです。そして、

「今世こそ、飼い主から大事にされて守られたい。そして、飼い主の役に立って、いっしょに幸せになりたい」

と願っています。過去世で成し遂げられなかった願いを、熊谷さんとの人生で達成し、今世では幸福の道を歩もうとしているのです。

熊谷さんが困っていた甘がみの問題も、やはり過去世の体験が関わっています。

彼には、「人を信じたいのに、信じきれない」という気持ちが残っているのです。愛する人が豹変し、自分を傷つける人になってしまったという体験と同時に、その人を守ることができなかったという二重の苦しみがマックスにのしかかっています。

今世では「飼い主が最後まで愛し続けてくれた」という体験と、「飼い主のために役立った」という体験、その両方を達成させてあげることが大切です。甘がみは「本当に愛してくれるの?」と、そこまでやってもママが怒らないかどうかを試しているのです。

甘がみしてきたら怒るのではなく、母犬がするようにペロペロなめたり、首の後ろをぎゅーっとつかんだりすれば、マックスは喜びます。「この子はもう、かわいいんだから」と言って、かみ返してあげてもいいでしょう。

いずれ絆が強まれば、飼い主さんを試すような行為はなくなります。

この子にとって素敵な名前に改名

ほかにも、熊谷さんはこんなことを質問されました。

「マックスは自分の名前がわかっていないのでしょうか？　名前を呼んでも近づいてこないんです」

この理由も、過去世からわかりました。

過去世で飼い主に冷たい態度をとっていた別れたご主人が、マックスという名前だったのです。

「過去世をはっきり終わらせるために、名前を変えたほうがいいですね。この子は過去世の飼い主さんのお兄さんを尊敬していたので、彼の名前『サミエル』がいいそうです。とても男らしくて、飼い主さんのことを心配してくれた人のようです」

と伝え、この日からサミエルに改名することになりました。

さらに、サミエルに伝えてほしいメッセージを、飼い主さんに託しました。

「サミエルのつらい過去世を知ったよ。本当につらかったね。今世はどんなことがあっても、命をかけて守るからね。これからは安心して幸せになってほしい。そして、あなたの男らしさで私を守ってほしい」

サミエルは、自分のことよりも「飼い主さんが幸せになるために役立ちたい」という気持ちが強いので、「守ってほしい」と言うことも重要。守り抜けなかった過去世のトラウマを払拭してあげられれば、サミエルも幸せになれるのです。

　熊谷さんは、その後何回かのカウンセリングを経て、サミエルの問題行動を少しずつ改善していきました。サミエルの過去世とともに、熊谷さん自身も同時に癒やされていったのです。

「サミエルの存在によって、私ははじめて本当に相手を信頼し、安心して話せるようになりました。愛し愛され、大切にされるという体験ができて、私自身が過去から持ち越してきた心の傷も癒やされたと感じています」

　熊谷さんはサミエルとの出会いに感謝する気持ちを、こう語ってくれました。

　サミエルは今では見違えるほど、立派な男らしい子に変貌（へんぼう）を遂げました。セレーナというお嫁さんも迎え、さらに愛情に満ちた毎日を送っています。

不安が消えて本来のやさしい性格に戻ったアメリカン・コッカー・スパニエルの「さくら」

飼い主さんが犬をかわいがって大切に飼っていても、犬が吠えたり、かみついたりと問題行動を起こしてしまうこともあります。すると、まじめな飼い主さんは「うまくしつけなくては」としつけ教室に通ったりするのですが、必ずしもしつけで解決するとはかぎりません。

そもそも「犬の問題行動」といわれる「吠える」「かみつく」「いたずらする」などの行動は、人にとって都合が悪いというだけで、犬からすればそれぞれに理由があってしていることなのです。

愛犬がなぜそんなことをしているのか、その理由がわからなければ解決はできません。

かみぐせがエスカレートして……

亀田家のさくらも、かみぐせがあり家族を悩ませていました。

さくらはアメリカン・コッカー・スパニエルの女の子で、パパ、ママ、3人のお子さんの5人家族に迎えられました。

アメリカン・コッカー・スパニエルは、ディズニーアニメ「わんわん物語」のモデルとしても知られる、たれ耳と長毛が特徴の犬種。もともとは獲物を見つけて飛び立たせ、主人が撃ったら回収する鳥猟犬として活躍した犬で、主人に忠実でとても活発な子が多いようです。運動量が多く食欲も旺盛です。

さくらが家に来たのはまだ2か月のころでしたが、ママはすぐ、さくらの所有欲の強さに気づきました。おもちゃでもなんでも、取り上げようとすると、うなったりかみついたりするのです。とくに、食べ物に対する執着心は強いものがありました。

さらに気になったのは、興奮すると自分の後ろ足を激しくかんだり、グルグル回ったりすることでした。どうして自分を傷つけるようなことをするのか、かわいそうでなんとかやめさせたいと心配していました。

そんなある日、ついに事件が起きてしまいました。

さくらが、どこから見つけてきたのかトイレットペーパーをおもちゃにして遊んでいたので、小学生の末っ子が取り上げようとしたそのとき、いきなり顔にかみついてしまったのです。さくらが物に執着して怒るのはわかっていたものの、まさか子どもを傷つけるほどかみつくとは……。

この事件のあと、亀田家ではドッグトレーナーの先生について、さくらのしつけを本格的に始めたのでした。

どうしてかみついたりするの？

いつもお世話しているママから見ると、さくらは甘えん坊で内弁慶のところがあるようです。所有欲が強く、人に取られないように怒ったりはしますが、本来は攻撃的な性格には見えません。

それなのにどうして、かみついてしまったりするのでしょうか。

亀田さんは家族みんなで、私のアニマルカウンセリングにやってきました。

亀田さん一家とさくらが部屋にいるところに私が入っていくと、さくらは私に向かって激しく吠え続けました。そこで、お子さん3人に部屋から出てもらい、さくらと大人だけになると、さくらは吠えるのをやめました。

「私が子どもたちを守っているの」

「みんなを守るためにこんなにがんばっているのに。パパ、ママ、わかってよ」

と、吠えてアピールしていたのです。次にママに退室してもらうと、

「ママはどこへ行ったの？」

と不安そうになり、戻ってくるとすぐにママのほうへ寄り添いました。やはりママの思っているとおり、さくらは怖がりな甘えん坊なのです。

さくらがかむのは攻撃性からではなく、恐怖心からきている行動です。

私はご家族に、さくらの過去世の話をしました。

さくらの過去世 台湾に住むミックス犬

過去世のさくらは、台湾の家庭で飼われていたミックス犬です。ただ、飼われていたのは小さくてかわいかった子犬のころだけで、飼い主は大きくなったさくらを世話するのが面倒になり、捨ててしまいました。

野良犬になったさくらは、不安におびえながらあたりをさまよっていました。野良犬のグループに脅されましたが、「どうか攻撃しないでください。許してください」と謝り、生きるためになんとか仲間に入れてもらいました。

気の荒い野良犬たちは、新入りで弱いさくらを遊び半分で脅したり、攻撃したりするので、さくらはいつも怖くてたまりませんでした。

あるとき、さくらが恐怖のあまりグルグルと回り、自分の足をかんで血だらけになると、野良犬たちは「頭がおかしいヤツはほうっておけ」と攻撃しなくなりました。それ以来、さくらは、何かあると自分の足をかんで逃れるようになったのです。また、少しでも食べ物を見つけると、ほかの犬に見つかって奪われないように隠れて食べるようになり、いつも食べることだけを考えて生きていました。しかし、順位が低いほかの犬との争いにも敗れ、野良犬たちに攻撃されて、ついには殺されてしまったのでした。

さくらの自傷行為や相手にかみつく行動は、過剰防衛だったのです。自分がだれにも認められず、自分の身を守ることもできなかった記憶から、追い詰められてやっていたのでした。いじめられっ子が土下座して「勘弁してください」と言っているような、切ない行動といえます。

これをやめさせるためには、家族みんながさくらのすばらしさを理解し、「あなたは大切な家族だよ」「私たちが守るから、安心して幸せになってね」

と伝えることが重要。さくら自身が「素直に甘えていいんだ」と思えることが大事なのです。

さくらが本当はどんなふうに思っているのか、私から家族にさくらのメッセージを伝えました。

私はみんなが大好き。

こんなに素敵な家族のもとへ来ることができて、これ以上の幸せはありません。

でも、目の前が真っ暗になって何も見えなくなってしまうと、大切なみんなを傷つけてしまうことがあるの……。

ごめんなさい。どうか許してください。

もう絶対に傷つけるようなことはしないから、私を見捨てないで。

これからもいっしょにいさせてください。お願いします。

さくらはやさしい子なのに、行動が思ったこととちがう形で出てしまっていたのです。本来のやさしさを素直に出せるようになるまで、家族みんながわかってあげて協力することが必要です。

さくらと家族のコミュニケーション

犬は社会性のある動物で、「立場が上の者に刃向かうと自分の命が危ない」ということを本能的に知っています。ですから、亀田家のリーダーはパパであること、パパがさくらよりも上の立場にあることをしっかりわからせれば、パパの言うことを聞くようになります。

私はまず、「ご主人は絶対に、かむことを許さないでください」とお願いしました。何があってもかまれないように注意すること。何か物を取り上げるときは、パパが手袋をし、かまれても問題ないようにして毅然（きぜん）とした態度で接すること。

厳しくとはいっても、絶対に犬をたたいたりしてはいけません。ただ、いけないものをくわえていたら、「これはいけない」と、首根っこをおさえて取り上げなければいけないのです。

この役割をパパがやるようにして、「パパにはかなわない」とわからせましょう。

そして、「かみつけば、私の物を取ろうとするのをやめる。かめば私の思いどおりになる」という、さくらの間違った思いこみを正すことが必要です。

それに、実際にかんでしまって叱られると、「いけないことをしてしまった」とわかるので、さくら自身もつらいのです。

次にママ。パパと同様にさくらの上に立つことも大事ですが、やさしく甘えさせてあげる役目も必要です。さくらは無条件に安心できるほどの愛情を受けたことはなく、自分が認められているという自信もありません。

ですから、さくらがいけないことをしたときは、「それをすると、ママはとても悲しい」と伝えるようにします。さくらは「自分の行動で悲しませてしまったら申し訳ない」という気持ちを持っています。

子どもたちのことは、さくらは自分よりも下に見ています。そのため、子どもが何かを取ろうとしたら、かもうとするのは当然です。さくらの指導は大人にまかせて、さくらが落ち着くまでは子どもたちは無理にさわらないほうがよいでしょう。

このように、家族それぞれに接し方を考え、みんなでさくらを見守っていくことをお願いしました。

トイレの失敗と食フンのトラブル

カウンセリング以降、さくらは少しずつ気持ちも安定してきたようです。ただ、トイレに関してはまだ失敗も多く、トイレ以外でしてしまうこともありました。

トイレでしたりしなかったりというのは、はっきりと「ここがおしっこするところだ」というトイレの認識がまだ完全ではないのでしょう。家ではペットシーツをそのまま置いているということだったので、トイレをケージで囲むなど、見た目にもわかりやすく改善することを提案しました。

また、家の中でフンをしたときに、食フンしてしまうことがたびたびあるのも、ママの悩みでした。

これはじつは、飼い主さんの気をひこうとする行動でもあります。トイレ以外でおしっこをしたり、フンを食べたりすると、たいていの飼い主さんは大騒ぎをするものです。

これをやめさせるには、気づいてもすぐには飛んで行かず、無視をするのが効果的。「よし、ママが来てくれるぞ」と思っているのを裏切り、数分だけでも放っておきましょう。

その後、犬にはかまわずに、黙って排泄物の後始末だけします。かまってもらえないとわかれば、やる意味はなくなるので、いずれはやめます。

また、暇なとき、退屈してみんなの関心を向けさせようと食フンしてしまうケースもあります。楽しく過ごしていれば、そのようなことはしないのです。

やがてさくらは、お腹を出してなでさせるほど、リラックスできるようになりました。

それでも最初は、なでられているときに突然かむということもありました。ママに全部まかせたとしながらも、ふいに「もしかしたら何かされるのではないか」という恐怖心がフラッシュバックしたのでしょう。

けれども、みんなが「さくらは我が家の宝物」という気持ちで接していたので、次第にそんなこともなくなりました。今ではトラウマもすっかり消え、本来のやさしいさくらになって、家族みんなで幸せに暮らしています。

何があっても
人との絆を信じ続ける
キャバリアの
「ハル」

家族として迎えられたはずなのに、人間の都合で「飼えなくなったから」と保健所に連れて行かれる犬もいます。飼い主に見捨てられた犬たちは、どんな気持ちで運命を受け入れているのでしょうか。

もしもあなたが、そんな犬の飼い主になることができたとしたら、家族として惜しみない愛情を注いであげてください。

「私たちの家に来てくれてありがとう」

「家族みんながあなたを愛して、あなたのおかげで幸せでいられるのよ」

と、愛情と感謝の気持ちを伝えてほしいのです。

「うちの犬は保健所にいたかわいそうな子で……」

と話す飼い主さんがよくいますが、こうしたネガティブな話はやめましょう。前の飼い主がどんなに非情な人間だったとしても、あなたの愛犬にとっては大切な存在だったはずです。

それに、「かわいそうに」「本当に不幸な子」などと言われ続けるのは、犬にとってはつらいこと。「やせ細ってみっともない子だったのよ」などと言われるよりも、「素敵だね。いい子だね」とほめられ、飼い主さんが自慢してくれるほうが、どんなにうれしいかわかりません。
過去のことはともかく、今いっしょにいる幸せを分かち合うことが大切なのです。

保健所からレスキューされたハル

ハルは保健所からレスキューされた、キャバリア・キング・チャールズ・スパニエルの男の子。キャバリアはイギリス原産で、飾り毛のきれいなたれ耳が特徴的な、明るく活発で人気の高い小型犬です。
縁あって畠山家の家族と出会い、2週間のトライアルを経て、晴れて4人家族の一員となりました。太陽の陽と書いて「ハル」という、明るく活発な男の子に似合いの名前をもらいました。
家にはすでに、マリーとモニカという2頭のキャバリアの女の子がいました。はじめは先住犬とうまくやっていけるのかと心配もありましたが、マリーはとてもやさしい子なので、トライアルのときからお姉さんのように接していました。ハルと同い年のモニカとも相性がよかったようで、すぐにじゃれ合って遊ぶ仲良しに。
こうしてみんなに温かく迎えられたハルは、家族に上手に甘えて暮らすようにな

ったのです。

マイペースのハルを叱ってばかりの日々

家にやってきたころのハルはとてもやせていて、食べ物への執着心が強い子でした。ごはんをガツガツと食べるハルを見るとお母さんは、「今までどんな生活をしていたのだろう」と悲しくなってしまい、

「そんなにあわてなくても、だれも取らないよ。毎日、ちゃんとごはんをあげるから安心してね」

と、声をかけるのでした。

ハルが家に慣れてきたころ、お母さんはハルのしつけを始めました。というのもハルは、しつけがまったくできていない子だったので、マリーやモニカと同じように接するためにも、家族のルールを覚えさせたかったのです。

ハルはとくに問題児ではないのですが、いろいろ教えようとしてもなぜか理解できないようで、しつけがうまくいきません。

「前の飼い主さんとハルの関係はどんなだったのだろう。子犬のときにトレーニン

グしたり、しつけようとは思わなかったのかしら」

マリーとモニカをきちんとしつけてきたお母さんは、不思議でなりません。

いくら子どものようにかわいがっているからといっても、犬が人間社会の中で暮らすためには最低限のしつけは必要です。なんでも好き勝手にさせていたのでは、ほかの人や犬に向かっていったり、拾い食いや誤飲でからだを壊したりして、思わぬ事故やトラブルにあう危険もあるからです。

畠山家ではおもに、お母さんがハルたちの世話をしています。そのため、お母さんはハルを叱ることが多くなり、弱いものいじめをしているような気分になってしまうのです。しまいには、口うるさい自分に嫌悪感まで持ってしまうほどでした。

はじめての男の子でもあったので、どう接すればいいのかわからなくなってしまったのです。

「ハルは私がうるさく言ったり、しつけようとしているのが嫌なのかな。この家に来たことをどう思っているのだろう」

ハルの気持ちがわからないお母さんは、アニマルコミュニケーターの私にアドバイスを求めてきました。

ハルの過去世のご主人はハンティングが趣味で、アウトドア好きな一家でした。カナダに住むゴールデン・レトリバー

ハルの過去世のご主人はハンティングが趣味で、アウトドア好きな一家でした。

過去世でのハルはゴールデン・レトリバーの女の子で、正式な狩猟犬ではないものの、訓練を受けた猟犬にも劣らない忠誠心と賢さを持っていました。

あるとき、ハンティングの最中に主人が心臓の発作を起こしたのですが、ハルが必死に吠えて人に知らせ、一命を取りとめることができました。ハルは飼い主を助けた名犬として地方新聞に掲載され、近所の人にも知られる人気者となったのです。

家族に心配をかけてしまった主人はハンティングを引退し、キャンプを楽しむようになりました。もちろんキャンプのときは、ハルも家族といっしょに出かけます。野山を走ったり川遊びをしたりと、ハルにとってもキャンプは家族と過ごした楽しくかけがえのない思い出です。

けれども、ある夏の日のキャンプ場で、主人はふたたび発作を起こしてしまいました。一刻を争う状況だったため、家族はハルをキャンプ場の人に頼み、病院へ行くために車で走り去ってしまいました。

ハルも車を追って走りだしたのですが、すぐに見失い、見知らぬ場所に取り残されてしまいました。

「みんな、私を置いてどこに行ってしまったの?」

なぜ置き去りにされたのかわからないまま、不安な気持ちで山道をさまようハル。

ご主人に捨てられてしまったのかとおびえながら、1週間もとぼとぼと山の中を歩き続け、車道に出たところでやっと親切なドライバーに発見されました。

ドライバーは迷子になったハルの飼い主をさがすために奔走してくれ、近所で有名だったハルは、無事に家族のもとへ帰ることができました。

その後、主人の病気も回復し、ハルは最後まで家族に愛されながら人生を終えるのでした。


ハルはこの過去世の体験から、主人を信じて疑わない心を持っています。何があっても飼い主が自分を見捨てることはなく、離れ離れになっても必ずもとの家に戻ることができると思っているのです。

そして今も、もとの飼い主は何かの都合で会えないだけで、そのうち迎えに来てくれるのだと信じて疑わないのです。

ハルは自分が人間の役に立ったことにとても満足し、誇りにしています。

そうした過去世の経験から、つねに体力をつけて何かあったときに働きたい、また役に立ちたいという強い思いがあり、食べることに執着しているのです。

多くの犬がそうであるように、あるいはそれ以上に、ハルは人間すべてを信頼しています。

今世でのハルは、「たとえ捨てられたという体験を持ったとしても、それでも人間を信じることができるか」を試されているのではないでしょうか。

ハルは前の飼い主に特別な愛情があるわけではなく、新たな家族になじめないわけでも、お母さんが苦手なわけでもありません。

しつけについても、嫌ではないけれども、はじめてのことでどうしたらいいのかわからず、とまどっているだけなのです。

私はハルの気持ちがわからずに悩むお母さんに、ハルからのメッセージを伝えました。

ぼくはどんなことがあっても、人を信じているよ。

出会った人と、深い信頼関係を持つことができるんだ。

前の飼い主さんは今はいないけれど、何か理由があるんだと思う。

だって人間は、動物を大事にしてくれる、すばらしいスーパーヒーローのような存在だから。

ぼくはそのことを経験で知っているし、犬仲間にそれを伝えることがぼくの仕事でもあるんだ。

今の家族は、ぼくをとても大事にしてくれるから感謝しているし、みんな大好きだよ！

人に裏切られてもゆるがないハルの信念

ハルは畠山家に来るまでは、どんな暮らしをしていたのでしょうか。レスキューされるまでの経緯から、よい環境にいなかっただろうという想像はつきます。

私がハルにたずねたところ、ハルを保健所に連れてきたもとの飼い主は、ケンカが絶えない若いカップルということでした。ペットショップでかわいい子犬にひと目ぼれし、衝動買いしてしまったのです。残念ながら、あまり考えずに子犬を飼ってしまう人は多いものです。

このカップルは、犬への接し方も食事のあげ方も気分次第で、いいかげんだったのではないでしょうか。ふたりが別れてしまい、そのまま成り行きで保健所に連れてきたという可能性も考えられます。

そんな身勝手な飼い主であっても、ハルは「自分は必ず飼い主に愛され、自分も飼い主に尽くす」という、人間に対する絶対的な信頼感を持っているのです。

ハルはおそらく、犬たちの中でも選ばれた存在なのでしょう。人間の善の心を信じているハルの姿は、私たちが動物に対して果たさなければいけない責任をあらためて自覚させてくれます。

ハルの思いを知ったお母さんは、ハルが今の家で幸せを感じていることに安心しました。

ハルが教えてくれた動物と人との信頼関係の深さ、人に対する愛情と期待の大きさを思うと、マリー、モニカ、ハルと家族が仲良く暮らせる幸せに感謝の気持ちがあふれてきました。

保健所からレスキューされたハルですが、そこにはきっと、畠山家に来てくれた大切な理由があるのです。

しつけのことも、ハルが慣れるまで無理せずに少しずつ続けていくそうです。できないからと叱るのではなく、ハルがわかるように接していくことが一番。

お母さんは今、いつも感謝と愛情をハルに伝え続けています。

「ハル、わが家に来てくれて、本当にありがとう」

いつまでもそばにいて。
いっしょに
お嫁入りする

ラブラドール・
レトリバーの
「愛南」

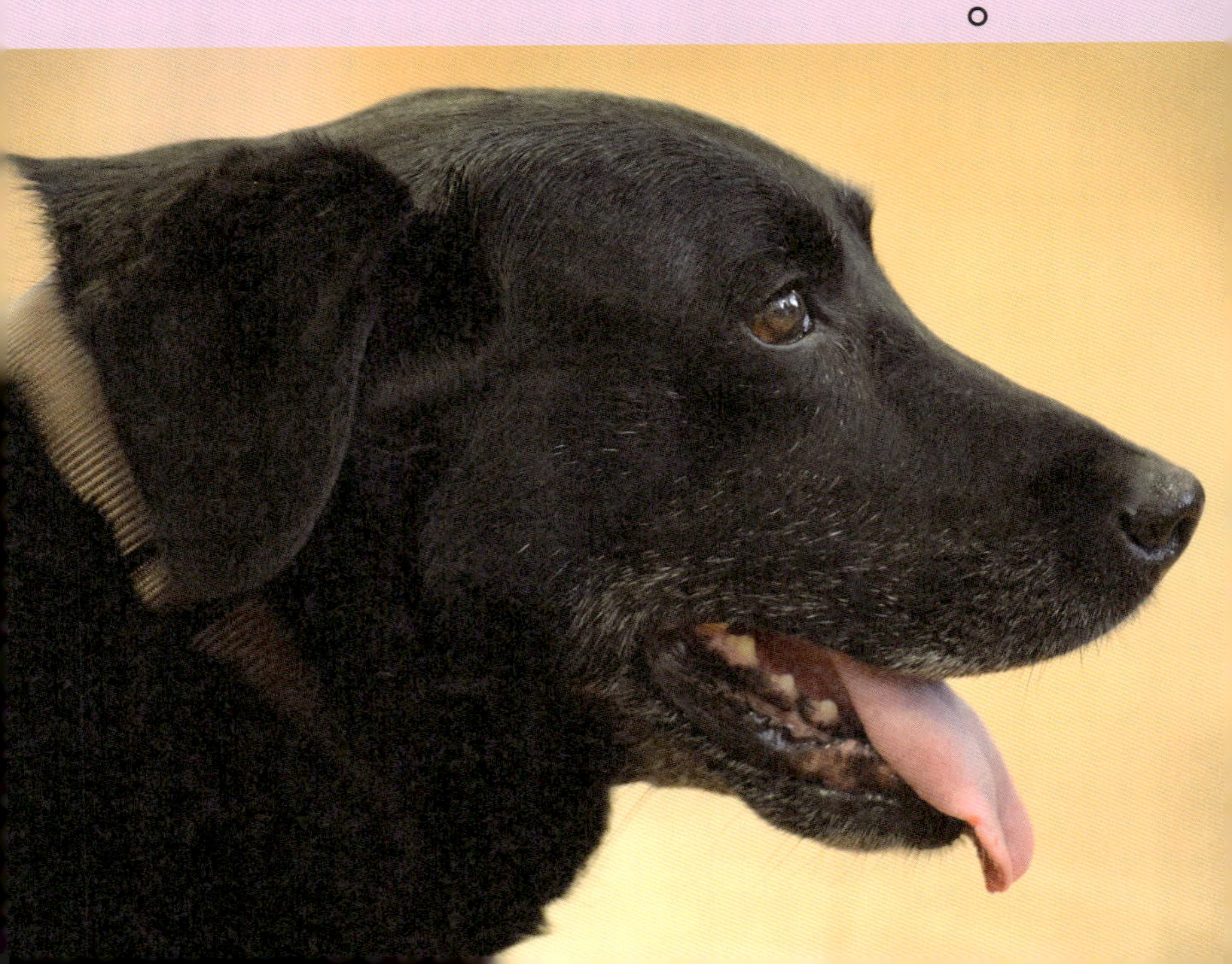

家族の形はいつまでも同じではありません。引っ越しをしたり、子どもが独立したりと、年月がたつにつれて何かしら変化があるものです。

人にとっては必然的なことでも、長年いっしょに過ごしていたシニア犬にとっては、急な環境変化がストレスになる場合もあります。そんなときは、家族が犬の気持ちを察して、安心できるように語りかけてあげることが大切です。

素直で愛情深い女の子

瀧家に愛南(あいな)がやってきたのは、13年前、明日香さんが21歳のときでした。

当時の明日香さんは、落ちこみがちで、家族とのコミュニケーションにも悩む日々を過ごしていました。そんな日々の中で、あるとき「犬を飼いたい！　私を守ってくれる黒い毛色の女の子の犬を」という強い思いを持ったのです。

驚くことに、それから数日もたたないうちに、友人が「ラブラドールの子犬が産まれたので飼わない？」と声をかけてくれました。

そうして明日香さんと両親、お兄さんの4人家族に迎えられたのが、真っ黒い毛並みと瞳がかわいらしい女の子。「大地」を意味するハワイの言葉「アイナ」から、大地とつながった女性的な愛を持ち、南の空に輝く星をイメージして「愛南」と名づけられました。

愛南はすぐに家族に慣れて、だれとでも上手に接するようになりました。うれしいときは素直に喜び、困ったときには素直に困った表情を見せるのです。

「だれにでも、悲しいとき、どうしようもなくやりきれない気持ちになるときがあるけれど、そんな気持ちをありのままに表現してもいいのよ」

素直に感情を見せながらも、いつも相手を思いやる気持ちを忘れない愛南の姿は、明日香さんに多くを語りかけてくれるものでした。

明日香さんにとって、愛南は愛情を与えるだけの存在ではなく、ときには尊敬できるお姉さんになりました。

精神的に守ってくれるパートナー、愛南がいてくれることで、明日香さんは気持ちを楽に持って、家族に対しても自然に気持ちを表現して接するようになっていったのです。

ひたすらに愛してくれる犬の存在が、家族の絆を深めてくれるのはよくあることです。愛南のように愛情深い子がいれば、それに応えようという気持ちになっていきます。その結果、みんな自然と笑顔に、そして幸せになるのです。

愛南は何をさびしがっているの？

愛南は子犬のときから多くの人に愛され、出会う人すべてを癒やす力を持っていました。大人になってからもますます「母性のような深い愛情を」と名づけたとおりに、包みこむような愛情を感じさせてくれました。

けれども、明日香さんは、愛南がときおりさびしげな顔をしているように思えてなりませんでした。だれからも愛されるかわいい子なのに、家族と幸せに暮らしているのに、どこか不安そうな目で明日香さんを見るのです。

「愛南、今日もいっしょに出かけようね」

「愛南のこと、大好きだよ」

いろいろな言葉をかけてみても、完全に安心することはないようです。明日香さんをさがしてはじっと目を見つめたり、ため息をつくこともあります。

ひたむきにじっと見る目線の強さに、何かを訴えようとしているかのような思いを感じたという明日香さん。愛南はどんな思いを伝えたかったのでしょうか。

私は、カウンセリングにやってきた愛南の過去世を見てみることにしました。過去世は何代かさかのぼって見ることができるため、今までどんな経験をしてきたのかを、総合的に知ることができます。

愛南の過去世Ⅰ　英国に住むイングリッシュ・セッター

主人の放った銃声とともに湖面に落ちていく水鳥をめがけて、美しい犬が勢いよく湖に飛びこんでいきます。立派なイングリッシュ・セッターの血統書を持ち、優秀な狩猟犬として主人に仕えていた愛南の姿です。

主人から「大切なパートナーだ」と認められ愛されている愛南は、いつまでも主人に仕え責任を果たそうと考えています。

しかし、それほどまでに愛し忠誠を誓っていた主人は、突然の病で亡くなってしまい、愛南は別の農園へ引き取られていきます。新しい主人は粗暴で、前の主人のようにやさしく接してくれることはありませんでした。

ハンティングの腕前もなく、失敗ばかり。そのたびに愛南に八つ当たりをするのでした。そしてあるとき男性は、銃の的が外れていたため身動きせずに待っている犬を見て怒りを爆発させ、「おれをバカにしているのか！」と愛南の腰を思いきり打ったのです。

その後、腰を痛めた愛南に「役立たず」と言い放ち、そのまま納屋の農園にほったらかしにしたのでした。

「もとの主人に会いたい」「今の主人の役に立って認めてもらいたい」という愛南の願いは叶うことなく、心ない主人に安楽死させられてしまうのでした。

愛南の過去世＝米国に住むジャーマン・シェパード

嗅覚にすぐれ、優秀な警察犬として活躍するジャーマン・シェパードの男の子。多数の仲間の中でもとくに優秀だった愛南は、ほかの警察犬に対しては傲慢(ごうまん)で、バカにしているようなところもあったようです。

人間にだけは愛想をふりまき、忠実にしたがって愛される愛南は、ほかの犬たちからは冷ややかな目で見られていました。

やがて年老いて体力が衰えた愛南は、警察犬の仕事を引退してブリーダーのもとへ送られました。優秀な警察犬候補の子犬をつくるためです。

けれども、かつての活躍を鼻にかけていつまでもプライドだけは高い愛南は、新たな犬舎の仲間たちとうまくやっていくことができません。若いオス犬たちには攻撃され、メス犬からもバカにされるようになり、それまでの自信も誇りもすっかり失ってしまいました。

愛南は交配犬としては役に立たなかったので、その犬舎で大事にされることもなく、つらい老犬期を送りました。

愛南の過去世Ⅲ　コロンビアに住むパピヨン

ふわふわした耳の飾り毛がかわいいパピヨンの女の子。ご主人を亡くしてひとり暮らしになったおばあちゃんの話し相手にと、娘さんが買ってきたのです。

犬を飼うのがはじめてでとまどっていたおばあちゃんも、くりくりした目で首をかしげる愛南の愛くるしいしぐさに心を開き、どこにでも連れて行くほどかわいがってくれるようになりました。

愛南は愛するおばあちゃんを守るために、近づいてくる人がいると精いっぱい毛を逆立てて吠え、威嚇（いかく）しました。

「人に吠えてはいけないよ。いつも人とは仲良くするのよ」

愛南の気持ちがわからないおばあちゃんは、そう言って諭すのです。おばあちゃんに愛されたい愛南は吠えるのをやめ、おとなしくするようになりました。

おばあちゃんはそんな愛南がかわいくてたまらず、「この子はなんでもわかるよい子なの」と、訪ねてきた人に自慢するのでした。愛南もおばあちゃんを喜ばせているることがうれしくてたまらず、ますますかわいらしくお客さんにも愛想よくあいさつをして回りました。

しかし、ある晩、家に泥棒が忍びこみ、家探しを始めたのです。愛南はいち早く気づいたものの、おばあちゃんの言いつけがあるので吠えられません。必死に吠えるのを我慢して、ただただ泥棒を目で威嚇して追い払おうとしたのですが、泥棒は小さな愛南など気にもとめません。

物音に目を覚まして出てきたおばあちゃんが悲鳴をあげると、泥棒はおばあちゃんを脅して金目のものを奪っていきました。泥棒が去ってから、やっと警察を呼ぶことに。警察や娘夫婦は恐ろしさに震えているおばあちゃんを見て、「せめて犬が吠えて、危険を知らせてくれればよかったのに」と愛南を非難するのでした。

いつも「吠えてはいけない」と言われている愛南はどうしてよいのかわからず、気持ちが不安定な状態になってしまいました。

やがておばあちゃんは入院して愛南は娘夫婦の家に引き取られたのですが、そこで飼われていた犬とうまくつきあうことができず、吠えてもいいのかどうかもわからず、混乱したままその家で一生を終えました。

主人と引き離された過去世が心の奥底に

このように愛南は、過去世で愛する主人と引き離される悲しい体験をしていたのです。「今は幸せでも、主人の状況によって、いつよそにやられてしまうかわからない」という漠然とした不安が、愛南の心の奥底にあるのでしょう。

「今の能力を失うと、手放されてしまう」

「がんばって愛する人を守ろうとしても、うまくできないかもしれない」

そんな気持ちを抱える愛南は、家族が病気になったり、仕事でだれかが家を離れて暮らしたりすると不安に感じてしまうのです。

私はアニマルコミュニケーターとして、愛南が何を不安に思ってさびしがっているのか、その本心を明日香さんに伝えました。


私は明日香のことが大事で、ずっと守りたいと思っている。

私がどんなに家族みんなを思っているか、あなたを愛しているか知ってほしい。

明日香が精神的につらいとき、いつもそばにいて助けてきたでしょ。

私はいつでも明日香を応援し、なぐさめているの。

ときどき明日香に「そんなことで落ちこまなくていいのよ」と言うのだけど、わかってくれないの。

何度言ってもわかってもらえないと、ため息が出ちゃう。

いつまでも明日香のそばにいて助けてあげたいけど、私はもう10歳で足腰も悪くて、十分に役目を果たせない。

それを思うとさびしくて……。

家族を守れなくなったら、もうこの家にはいられなくなってしまうの？

どこかよそに行かされてしまうのかな？

でも、家族みんなが私を愛してくれていることはわかっています。

いつまでもいっしょにいられたら、私はそれだけで幸せなんだけど……。

明日香さんは、諭すように愛南に語りかけました。

「私たち家族みんな、あなたのことを大事に思っているよ。たとえだれかが病気になったり、家を離れることになっても、愛南を手放すことは絶対にない。愛南の腰がどんなに悪くなっても、私たちの愛情は変わらないから何も心配しないで」

それまで仕事で出かけるときなど、ときおり不安げな表情を見せていた愛南も、やっと本当に安心して暮らせるようになりました。

家族の旅立ちを迎えた愛南からのメッセージ

愛南が12歳になったころ、明日香さんは人生の転機を迎えていました。結婚が決まり、婚約者が住む北海道で暮らすことになったのです。

けれども、気になるのはやはり愛南のこと。結婚後もいっしょに暮らしたいと思うものの、慣れない寒い地域に引っ越すことが、高齢のからだの負担にならないか心配になります。住み慣れた今の家で両親と暮らすほうが幸せかもしれない、そう考えると、簡単には答えが出せません。

明日香さんは愛南にたずねました。

「私といっしょに行きたい？」

愛南は後ろ足で胸をかき始めました。

「パパとママといっしょに、こっちで暮らしたい？」

すると愛南はスクッと起き上がり、明日香さんを真剣に見つめて何か言おうとしています。その目は、「明日香はどうしたいの？」と問いかけていました。明日香さんは抑えていた気持ちがあふれだし、涙を流しながら思いを伝えました。

「大変かもしれないけれど、いっしょに来てくれる？　これからもずっと、愛南といっしょに暮らしたいの」

愛南は大きく口を開き、「ＹＥＳ！」と答えました。愛南はいつでも明日香さんの幸せを思い、そばにいて守りたいと願っていたのです。足で胸をかいたしぐさも、「もちろんいっしょに行きたい」という意思表示でした。


結婚式は、愛南が大好きな家族と暮らしてきた明日香さんの実家で開かれました。

私は愛南から聞いた気持ちを贈りました。


明日香へ。

私はこのときを待っていました。

大切な妹の明日香が、この地で花嫁になることを。

北海道にいっしょに行き、明日香と新しい人生を始められたこと、明日香が北海道にいっしょに行くという約束を守ってくれたこと、すべてに感謝しています。

私にとって大切なこの場所で、命のあるうちに明日香の花嫁姿を見ることができて満足です。


ずっと愛し守り続けてきた明日香さんの実家で、彼女の幸せな花嫁姿を見ることができたのは、愛南にとっても何よりも幸せなことだったのです。

このメッセージが式に参加した皆さんの前で読み上げられると、控えめで奥ゆかしい愛南は照れてしまいました。そして明日香さんは、涙を浮かべながら、愛南に心からの感謝の気持ちを伝えるのでした。

姉と妹の悩みはそれぞれ

フラットコーテッド・レトリバーの「ピカケ」

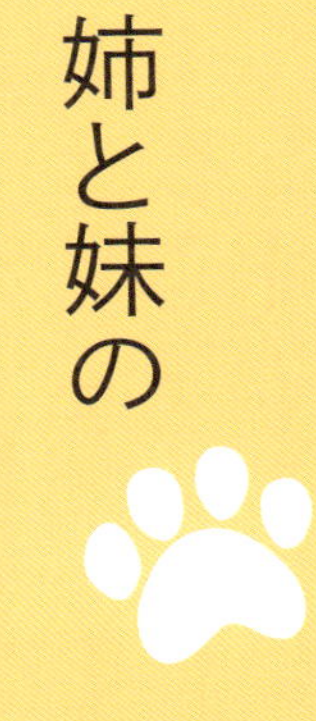

犬を多頭飼いする方も多いのですが、1頭だけで飼う場合とはちがった心構えが必要だということを忘れないでください。どの子にも同じように愛情を注ぐのはもちろんですが、その子の性格に合わせて接し方を変えることも必要です。

それぞれに合わせた対応ができていなかったために、2頭がうまくいっていなかったピカケとポポの話を紹介しましょう。

人が大好きで社交的な女の子

ハワイ語でマツリカ（アラビアジャスミン）を意味するピカケは、黒い長毛が優雅なフラットコーテッド・レトリバーの女の子。まだ子犬のころ、犬好きのひかるさんの一家に迎えられました。その後、ひかるさんは結婚。犬を飼える新居に引っ越し、ピカケを迎えました。

ピカケは社交的な明るい子で、新しい場所での生活にもすぐに慣れました。

ドッグランに連れて行くと、ほかの飼い主さんともたちまち仲良くなる人気者。犬よりも人のところにばかり行って、ちゃっかりなでてもらっていることもありました。

知らない人にも、だれにでも甘えているので、「本当に人が好きなんだな」とひかるさんは思っていました。

2頭目を迎えた日に家出!?

子どものころからずっと犬のいる生活だったひかるさんは、ピカケが3歳のときに2頭目の犬を飼い始めました。ポメラニアンのポポです。ピカケと同じ黒い毛並みがきれいで、くりくりした目がかわいい女の子です。

ところが、ピカケには、突然の新入りの登場は思ってもみなかった出来事だったようです。ポポが連れて来られた日、ピカケは家出してしまったのです。

ひかるさんがポポを紹介すると、

「私を庭に出して！　庭に出たいの！」

とうるさく吠え、出してあげると庭の真ん中にゴロンと寝てしまいました。その様子はまるで、「今日はここで寝ます。家には帰りません」という意思表示のようでした。

なんとか無理やり家に入れたのですが、ピカケの機嫌は直りません。ひかるさんは新しい子犬を連れてくることをきちんと説明せず、いきなり会わせてしまったことを反省しました。

ピカケはそれほど人が好きで、飼い主を愛する子だったのです。その後もしばらくは、ポポが近づくとうなり声をあげて威嚇していました。ひかるさんはピカケを傷つけないように、気をつかいながらポポとの距離を縮めていきました。

飼い主さんが好きでほかの犬に嫉妬することは、犬としてはめずらしくはありません。ただ、ピカケは過去世の記憶から、特別に気持ちが強いようです。

ピカケは過去世において、カナダの男性と暮らす男の子の犬でした。いつもいっしょに過ごして、食べ物を分け合ったり、自然の中へハイキングに行ったりしていたご主人との関係は、都会暮らしの愛犬家とはちがった強い絆があったのです。

けれども、大事なご主人は川で亡くなってしまいました。そのことがよく理解できていないピカケは、いまだに「私のご主人はどこ?」とだれかれかまわず、人に寄っていくところがあるのです。

ただ、ピカケはひかるさんが今の主人であることも認めており、もちろん飼い主として愛しています。私はピカケに伝えました。

「あなたのさがしているご主人は亡くなってしまったけど、ずっとあなたのことを思っているよ。今は日本で、こんなにすばらしいパパとママがいて幸せだよね。『こんなに幸せだよ』と今の家族に伝えることが大事だよ」

なぜ、ほかの犬と仲良くできないの？

はじめはポポを威嚇していたピカケですが、日がたつにつれて自然に仲良くなり、ときにはいっしょに寝るほどになりました。もともとピカケはやさしい性格で、ほかの犬とうまくやれないことなどなかったのです。
けれども、ひかるさんには、ほかの犬に対するピカケの行動が不思議に思えることがありました。
散歩のときにほかの犬、とくに小型犬とすれちがうと、いきなり興奮し、すごい勢いで飛びかかろうとすることがあるのです。大きなピカケが向かっていけば大変なことになるので、必死で押さえて、ひたすらに相手の飼い主さんに謝るしかありません。

ポポとの関係もよくなっていますが、ポポがときどきピカケの耳や足にかみついていることもありました。ピカケが我慢してケンカはしませんが、どうも小型犬とは相性が悪いように見えます。

ただ、アニマルコミュニケーターの私から見ると、単純に小型犬が苦手なのではなく、ピカケの行動にはちゃんと理由があることがわかります。

小型犬は飼い主さんに甘やかされがちで、生意気な子が多いのです。「私、かわいいでしょ」と妙に自信家で、調子に乗っている子もいます。小型犬に悪口を言われて、向かっていってしまったのでしょう。ピカケは礼儀正しくない子が許せないので、そういう子に指導もしているのです。

ほかの犬や人に向かっていくときは、主人を守ろうとしている場合もあります。

散歩に行く前に、

「あなたが私を守ろうとしてくれているのはわかっているよ。だから心配しなくてもいいよ」

と説明してあげると、飛びかかるのを防ぐことができます。もしも飛びかかろうとしたときは止めて、あとで、

「もう十分だよ。守ってくれるのはわかっているから、大丈夫だよ」
と言ってあげましょう。

ピカケはとくに、男の子だった過去世の責任感の強さを今なお持ち続け、最後まで自分が家を、家族を守る役割を果たしたいという気持ちが強いのです。ひかるさんがわかってあげれば、ピカケは満足して安心していられます。

ピカケは、次のように気持ちを聞かせてくれました。

私には家族を守る役割があるから、ずっとママとパパを守っていきたい。

ほかの女の子たちからは、「女の子は小さくて丸くてかわいらしいのよ。ピカケは女の子らしくない」って言われて、つらい思いをしたこともあるの。

ポポちゃんを家に迎えたときも、私だけでは満足できなくて、小さなかわいい子を連れてきたのかと思ってしまった。

でも、ママもパパも私を愛してくれるし、ポポちゃんのことも家族だから守ってあげたいと思っています。

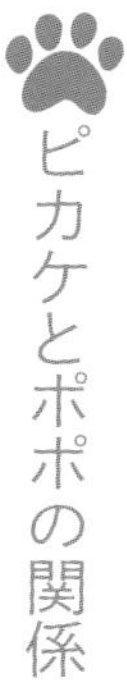

ピカケとポポの関係

ポポの件に関しては、ピカケは本当によく我慢したと思います。

はじめは妬(や)いてすねていても、今ポポを大事にしているのはピカケの愛情のすごさです。でも、もう我慢の限界にきているので、ポポのわがまま放題はやめさせなければなりません。

「もしピカケが本当に怒ったら、あなたを殺してしまうくらいの力があるんだよ。でも、あなたのことを大事に思っているから我慢しているんだ。それを調子に乗って、耳や足をかんだり嫌がることをしたりするのは絶対にいけません」

飼い主のひかるさんから、ポポに指導してもらうことにしました。とくにひかるさんが、ピカケが見ている前で言うことが大事なのです。

ピカケのかわいい小型犬に対するコンプレックスは、ママやみんながほめてあげることで解消できます。

ピカケは大事にされ、「賢いね」「いい子だね」とほめられてはいます。でも、ポポやほかの小型犬が飽きるほど言われている〝かわいらしさ〟をほめられることはなくなってしまったのです。

ピカケは、家族を守り役に立つことで満足はしているけれども、女の子として生まれた今世では何かちがうと感じているのでしょう。身近にポポがいるので、「ポポはみんなからかわいがられている」と、ますますうらやましく思ってしまうのです。

「ピカケの名前はお花の美しさからつけたんだよ。役割を果たすこともすばらしいけれど、あなたはかわいくて美しい子なんだよ」

と言ってあげることで、ピカケは今よりももっと幸せになれます。

逆にポポはどうかというと、

「ピーちゃんはみんなから、おりこうさん、すばらしいと言われていいな」

という思いを持っています。

かわいい小さな女の子であるだけでなく、精神的に成長してきているので、「ピーちゃんのように役に立ちたい」という気持ちもあるのです。

「ピーちゃんにはいろいろ話すのに、私には何も説明してくれないの」

と、不満に思っているのでしょう。人間の姉妹と同じように長女には長女の、次女には次女のそれぞれの不満があるわけです。

1頭だけで飼う場合と何頭も飼うときとでは、飼い主さんもちがった心構えが必要だということを忘れないでください。どの子も同じように愛情を注ぐのはもちろんですが、その子の性格に合わせて対応も考えるべきなのです。

ピカケとポポ、それぞれの気持ちがわかったひかるさんは、今後はどう接していったらいいかと悩むこともないでしょう。これからは、やさしいピカケが無理して我慢することもなく、本当に仲良く暮らしていけるでしょう。

家族を守る仕事を
託して逝った
バセンジーの
「やまと」

まったくちがったタイプの犬でも、いっしょに兄妹のように暮らせることもあります。はじめからいた犬がうまく受け入れてくれ、仲良くなるケースです。

バセンジーの男の子と柴犬の女の子の話を紹介しましょう。2頭はお兄ちゃんが亡くなるまで仲良く暮らし、その後もおたがいを見守り続けていたのです。

ナイスガイのやまと、お茶目なあすか

古家さん夫婦の最初の犬は、バセンジーのやまとでした。バセンジーに決めたのはとくにご主人の希望で、脚が長く美しい容姿、賢くて好奇心が強く、独立心もある性質などが決め手となりました。

やまとは、しっかりした男らしいナイスガイ。自己主張が強くぶつかることもありましたが、次第にそれがやさしさを持った強さへと変化しました。

やまとが1歳半くらいで落ち着いてきたころ、古家さん夫婦は2頭目を迎えました。柴犬の女の子、あすかです。

日本犬は気が強いイメージもあったのですが、あすかはもめごとを嫌う、やさしい平和主義者でした。「あたしが一番よっ！」という愛すべき女の子らしさもあり、やまとの男らしさになじんでいた夫婦には、新鮮なかわいさがありました。

あすかはやまとにすぐに心を開き、お兄ちゃんを頼りにするようになりました。

狩猟犬だったあすか、ショードッグだったやまと

古家さんのご主人は、現在アニマルコミュニケーターをめざして勉強中です。

やまととあすかには、私のカレッジで、たびたびセッションのモデルをしてもらうこともありました。やまとはすばらしいモデルぶりで、いつも男らしく、とくにご主人と深い絆で結ばれているのがわかりました。

一方、マイペースなあすかは、「先生、パパにちゃんと言ってね！」と文句を言っていることも。パパやママが、自分の気持ちをわかってくれないとすねることもあったようです。

4歳のあすかと、セッションをしたときのことです。あすかは、

「ママは私のことをとても愛して、いつも気づかってくれるの。でもパパは、やっぱり私よりやまとのことが好きみたい。私とは態度がちがいすぎるよ」

と言うのです。奥さんにうかがうと、

「男同士の友情があって、女の子は入りこめないみたいな気持ちがあるんだと思います。仲がよすぎるから、私とあすかは『まったく、もう〜』って焼きもちを焼いています」

と話してくれました。でも、あすかはそんなことでは納得しないようで、「あいさつも抱っこも、いつもやまとが先」と不満げでした。

過去世を見ると、あすかは狩猟犬だったので、朝一番に「今日はこういう猟をしよう。こういう計画だよ」とご主人に声をかけられ、「わかりました。行きます！」とテンションを上げたのでした。朝の始まりに気合いを入れたいタイプなのです。

一方、やまとの過去世は美しいショードッグで、朝はそんなに重要ではありません。そこで、私はご主人に、

「朝だけはあすかに気持ちを持っていって、一番にあいさつしてあげてください。そして、夜に帰ってきたときには、やまとを優先するようにすると、あすかも『パパは自分たちを対等に見てくれる。平等に接してくれている』と思えるようになります」

とアドバイスしました。大事な朝にご主人との会話が充実していれば、あすかは

納得してくれるでしょう。

こうしてともに何年も暮らし、夫婦とやまと、そしてあすかという家族の絆はますます深まっていったのでした。

頼れるお兄ちゃん、やまとが病気に

やまとはとても美しいバセンジーでしたが、姿だけでなく、精神性もとても高い犬でした。けれども、バセンジー特有の病気を発症してしまい、エネルギー治療に通うようになりました。

やまとにはどこかいつも気が張り詰め、切羽詰まったような印象があり、それは過去世から来たものでした。

やまとは過去世で美しいショードッグだったのですが、心臓の病で若くして亡くなり、飼い主さんを悲しませてしまった体験をしていました。そのため、今世で愛されて幸せでありながらも、自分は短命で終わるという思いが強く、限られた時間しかないという悲しさやあせりを持ち続けていたのです。

あすかとは仲がよく、とても頼られてはいましたが、正直なところ、やまとにはあすかのことを考える余裕がなかったようです。

あすかは、「ときどきやまとが冷たくする」「ちょっといじわるする」「そのときさびしくなる」と感じていました。けれども、いつまでも子どものようにすねていたわけではなく、次第にパパやママの気持ちも理解できるようになりました。

やまとの調子が悪いと、どうしても古家さんがやまとだけに手をかけることも増えます。そのことであすかが「ずるい！」と思わないようにきちんと説明すると、驚くほどよく理解してくれるようになったのでした。

やまとは手足の動きがおかしい神経症状が現れ始め、それがだんだん顕著になり、からだのバランスをくずすようになりました。それにともない、排尿のリズムがくずれたり、食事にムラが出たりしていました。

このころのやまとは、本当に不安だったのでしょう。これは、この時期のセッションでやまとが抱えていた思いです。


ぼくはこれから先、どうなるんだろう。

ぼくは今まで、パパとママを大切にして、すべてに優先してきた。

パパとママが喜んでくれる、それだけでぼくは最高に幸せだった。

だけど、これから先、どこまでパパとママの役に立てるかなって考えると、不安になる。

家族を愛し幸せにすること、それがぼくのすべてだったから……。

今、手足に違和感があって、夜寝るときも不安で、気持ちが落ち着かなくなることがある。

朝起きてパパとママの顔を見ると、「今日こそがんばるぞ!」と思うんだけど、手足が思うように動かないのであせってしまう。

ぼくは、どんなことをしてもパパとママの役に立ちたい。

でも、からだが言うことを聞いてくれない。

パパ、ぼくが、これまでのようにできなくても許してくれますか?

美しい姿でパパと散歩したり、パパと思いを共有することができなくても、パパはさびしくないですか?

パパがぼくを「自慢の息子」と言ってくれるように、ぼくにとってパパは最高のパパなのです。

パパが喜んでくれれば、これ以上のことはありません。

ご主人はこれに対して、

「やまとは本当に自慢の息子です。どんな状態でも、やまとはやまと。かっこよさも美しさも変わりません。

この子の輝きは心の中から出ているものだと思っていますので、たとえ動けなくなっても、自慢の息子であることは変わらないです」

と答えてくれました。そして、私からもやまとに伝えました。

「パパとママは最後まで君のことを守るよ。たとえ病気が悪くなっても、命がけでやまとを守ると決めているから、信じてほしい。これほどすばらしい家族の中にいるのだから、不安や心配よりも喜びを持って暮らさないともったいないよ」

このセッションで、やまとは安心して落ち着きを取り戻してくれました。


ぼくは、この家に来たことを、これ以上の幸せはないと思っている。

いつも、パパ、ママ、あすかに感謝している。

ぼくの兄弟が病気で亡くなったと知って不安になったとき、あすかも不安になったみたい。

それでも、あすかは「関係ないよ。大丈夫だよ」と言ってくれたけど、ぼくは答えられなかった。

「ありがとう。ぼくは大丈夫だよ」と言えるようにしたい。

この家で、みんなで幸せに暮らしたい。

もしぼくが不安になったときは、パパに「やまとは男らしい子だ。もっと自信を持て！」と言ってほしい。

そうすれば、自信を持って元気でいられるから。


やまとはあすかにも、あとを頼むようなメッセージを送っていました。それに対して、あすかはきちんと承諾の意思を伝えてくれたとのことでした。あすかはもう甘えた女の子ではなく、しっかりと成長していたのです。

私も、あすかからメッセージを受け取りました。

私にとってやまとは、いつも届かない、超えられない存在だったの。

でも最近、やまとに「ぼくがもし動けなくなったり、いなくなったりしても、あすかはパパとママのために働いてくれるよね」と言われて驚きました。

やまとが真剣なまなざしで、「お願いします」と言ってくれたの。

私は「がんばるよ。絶対、パパとママのために働く。やまとに言われたとおりにやるよ」と答えました。

家族の役に立てるのはうれしいことだもの。

私はやまとが大好き。

だから先生、やまとを助けて。

やまとが元気になるようにしてください。

やまとがいなくなったあと

その後、やまとは猛暑の真夏の日に亡くなりました。

家族を亡くした古家さん夫婦の悲しみはどれほどのものだったか、犬を愛した経験のある方にはわかるでしょう。

やまとが亡くなって約2か月後、私は古家さん夫妻とあすかに会いました。ご主人、奥さんは悲しみをこらえ、やまとがいかにすばらしい子だったか、今、あすかがどれだけがんばってくれているかなどを話してくれました。

そして、私はこのとき、やまとからリアルタイムでメッセージを受け取りました。やまとはまだ古家さんの家にいて、意識を古家さん家族に向けていたのです。

やまとのメッセージを紹介して、このエピソードを終えたいと思います。


ぼくは今、肉体から離れて、上からパパとママ、あすかを見ています。

すばらしい家族、ぼくの誇り。

この家族の中で生きていて本当によかった、本当に幸せだった。

今は、もうしばらくこの家にいさせてもらって、パパやママやあすかとの思い出の中で時間を過ごしたいと願っています。

パパへ。

突然、肉体から離れてしまって、ごめんなさい。

さびしい思いをさせたこと、許してください。

ママへ。

ママはぼくが心から愛した人、ぼくのことをだれよりも大切にしてくれた人。心から感謝しています。

今も、ママの気持ちを聞いて、本当にぼくを愛し、大切にしてくれていたんだと思って、胸がいっぱいになりました。

あすかへ。

無理をしないでね。

あすかのままでパパとママを愛してくれれば、ふたりは十分にわかってくれるよ。

今のあすかのままで大丈夫だからね。

死を待ちながらも
飼い主と仲間を
思い続けた
ミックス犬の
「メル」

自分だけが生き残ってしまった悲しみ

10歳になる女の子、メルは、ボランティアの方に保護センターから救い出されたミックス犬です。

メルのもとの飼い主さんが突然亡くなってしまったため、ともに飼われていたオス犬といっしょに保護センターに連れて行かれたのでした。オス犬はすぐに殺処分されてしまい、メルだけが生き残って新たな飼い主さんに出会えたのです。

気持ちがやさしいメルは、自分の幸運を単純に受け入れることはできませんでした。

「どうして、私だけが生き残ってしまったのだろう？　私なんか幸せになっちゃいけないいんだ」

メルは、いつまでも亡くなった飼い主さんと仲間の犬のことを思っていました。

そして、悲しみに心を閉ざしたまま、生きる意味をすっかり見失ってしまったのでしょう。新しい飼い主の三宅さんの家にもなじめず、先住犬のミウやムクとも打ち解けることができないのでした。

メルの寝ているところにミウが行ったとき、急にミウに襲いかかりそうになったので、家でもいっしょに自由にさせることはできません。もう1頭の先住犬ムクはまだ2歳のチワワですが、メルに激しく吠えたため自然と避けるようになりました。

また、メルはスーツ姿の男性が怖いようで、三宅家のお父さんにもなかなか慣れるそぶりが見られません。女性や子どもが近づくのは抵抗ないようですが、それでもときどきうなることがあります。

メルが新しい家で安心して、心安らかに暮らすにはどうしたらいいのかと、家族はカウンセリングを受けにやってきました。

メルの悲しみ、情緒不安定の原因は、もとの飼い主や仲間との死別にあります。長年ともに暮らしてきた仲間が、目の前で連れて行かれ殺されてしまったのですから、メルの心はどれほど深く傷ついたことでしょう。

私が悲しみにくれるメルの瞳をのぞき、その心にアクセスすると、メルたちが連れて行かれた保護センターでの光景が浮かび上がってきました。

メルといっしょにいたオス犬は、必死の形相で、激しくうなり吠えながら抵抗しています。収容室に入ることを拒むオス犬を、職員が押さえつけようとしています。

そのとき、オス犬の気持ちが私の心に流れこんできました。

「ぼくにはもう先がない！　きみには生きて幸せになってほしい！」

オス犬は必死に暴れながらメルに伝えていました。

彼はおびえてパニックに陥ったのではなく、ここで殺されることをとっさに悟り、メルを守ろうとしていたのです。自分がわざと凶暴なところを見せて、先に処分の対象になれば、メルの命は助かるはずだと考えたのでした。

メルはあっという間の出来事に混乱し、呆然と立ち尽くしてしまいました。

「どうか生きてほしい。ぼくの分まで幸せになって……」

そう伝える声がだんだん遠ざかるのを、ただただ見送るしかなかったのです。

メルが過ごした保護センターでの日々

残されたメルは、消毒薬のにおいのする犬収容室に入れられました。そこにはすでにさまざまな犬がいて、これから何が起こるのだろうと、部屋の壁や仲間のからだに身を寄せ、得体の知れない不安から自分を懸命に守ろうとしていました。

夜になると電気が消されて1日が終わり、次の日、係の人が犬たちにえさを与え、排泄物で汚れた床を水で洗い流していきます。また夜が来て、朝が来て、新しく収容された犬の声が聞こえるようになります。

犬たちは1日1日と部屋を移動させられながら、恐ろしい〝何か〟に向かって進んでいくのです。

一番奥の収容室の向こうには殺処分機があり、そこでは、毎日のように犬たちが二酸化炭素により窒息死しています。彼らは深い意識の中で、その気配やエネルギーを敏感に感じ取っていました。

しかし、そのような恐怖を感じながらも、彼らがただひとつ抱き続けている思いがありました。

それは、「きっと飼い主さんが迎えに来てくれる」という思いです。彼らは最後の瞬間まで、自分を見捨てた飼い主を信じ、助けを待ち続けているのでした。

メルは幸運にも、収容施設から救い出されました。新しい家族はとてもやさしく、メルの心を癒やそうと温かく彼女を迎えてくれました。

しかし、メルはやさしくされればされるほど、自分が生き残ったことに対する罪悪感にさいなまれるようになったのです。メルは、張り裂けそうに悲しい心を伝えてきました。

私の大事な飼い主さんも、いっしょに暮らしていた仲間も死んでしまった。
どうして、私は何もできなかったんだろう。
私だけが、どうして生き残っちゃったんだろう。
いっそのこと、私も死んだほうがよかった。
命がなくなっても、魂は大好きな飼い主さんのところへ行けたかもしれないのに。
私はもう、なんで生きているのかわからない……。

この深い悲しみを癒やすには、なぜ彼女が生き残ったのか、そして、亡くなった飼い主と仲間は彼女に何を望んでいたかを話す必要がある——そう感じた私は、メルに語りかけました。
「メル。亡くなった飼い主さんや仲間のオス犬は、あなたを恨んでいないし、失望もしていないよ。みんなはメルに、残された時間を幸せに生きてほしいと願っているんだよ」

はじめは、そのことに触れてほしくないとでもいうかのように、落ち着きがなかったメルでしたが、私の言葉を聞くと考えこむしぐさを見せました。

「間違いないよ。あなたの大切な亡くなった飼い主さんも仲間も、メルが幸せに生きていくことを望んでいる。新しい飼い主さんのもとで、今度こそ立派に働き、家族を助けるという経験をしてほしいと望んでいるよ。

それに、今の飼い主さんだって、あなたの幸せを心から望んでいるんだよ」

飼い主さんも、メルの深い思いに胸を打たれて、涙を流しながらうなずいていました。メルは、そんな飼い主さんのかたわらで、

「本当にそうしてもいいの？　私は幸せになってもいいの？」

と言うように、目をうるませていました。

私は、飼い主さんから、メルの心を癒やす言葉を伝えていただきました。

「メルが今生きているのは、それが、もとの飼い主さんといっしょに暮らしていた仲間の願いだからだよ。メルにはもっと生きて幸せになってほしい、新しい家で役に立って、その家族を幸せにしてほしいと願っているんだよ。

あなたが我が家に来てくれて、本当にうれしい。メルが幸せになること、メルが

望んだ人生を生きられるように、私たちは必ず助けるからね。メル、私たちの家に来てくれて、本当にありがとう」

すると、今までは悲しみを浮かべていたメルの瞳が、光を灯したように明るくなりました。そして、私のそばから離れると、ドアに向かって歩いて行き、

「もうわかった。ありがとう。だから、おうちに帰ろう！」

と、ほっとした表情で飼い主さんに言ったのです。

自分の生きる意味を見出したメルは、新しい家族のために生きることを決意しました。

新しい家族、仲間との暮らしを受け入れたメル

カウンセリングの数日後、飼い主さんからこんな連絡がありました。

「メルはずいぶん明るくなりました。私自身も、メルが昔からいっしょにいたような感覚で、かわいくて仕方ありません」

リビングのドアを開け放しておくと、ときどきメルが顔をのぞかせるようになったのです。先住犬との関係も少しずつよくなっていきました。ある日、メルのほう

からミウに少し鼻を近づけ、あいさつらしきことをしたのです。

メル、ミウ、ムクを、いっしょに散歩に連れて行くこともできるようになりました。以前はメルがいっしょの散歩を嫌がり、道に伏せて動かなくなったことを考えると大変な進歩です。

メルは仲間から与えられた命の分も、新しい飼い主さんのために全身全霊をもって働き、家族の幸せのために活躍する犬になるでしょう。彼女は、つらい体験を乗り越えて、与えられた命の分も生き続けることを決めたのです。

犬たちは、大切な存在が亡くなってしまうと嘆き悲しみ、自分がその死に対して何もできなかったと感じて、心の傷を負ってしまいます。その繊細な心や複雑な心情は、私たち人間とまったくちがいはありません。

メルは、一途な愛情を通して、犬たちが亡くなってもなお、飼い主や仲間を思い続けていると教えてくれました。

そして、悲しくつらい記憶であったにもかかわらず、心の映像を分かち合ってくれることで、死を待つ犬たちが恐怖に耐えながらも、最後の瞬間まで飼い主を信じ、待ち続けているという真実を伝えてくれたのです。

飼い主に
寄り添うために
長生きした
ミニチュア・
ダックスフントの
「ルーシー」

動物は現世の命が尽きると、その体験を持って中間世（ちゅうかんせい）というところへと帰ります。そして、中間世でソウルグループの仲間たちと現世の体験を確認し、シェアし合い、生まれ変わりの準備をするのです。犬や猫は7、8年で中間世の生まれ変わりを遂げ、未来世へと誕生します。

ちなみに人は、中間世の中で40〜50年かけて生まれ変わります。

犬は人よりもずっと中間世が短いため、過去世の経験がトラウマとして残ることが多く見られます。愛され守られて暮らし、自分の役割を果たしたと満足して人生を終えることこそ、彼らにとっての幸せといえるでしょう。

ルーシーとの18年間が始まる

中澤さんがミニチュア・ダックスフントの女の子、ルーシーに出会ったのは、彼女がアメリカでボーイフレンドと暮らしていた時期でした。ペットショップで見たかわいい子犬をひと目で気に入った中澤さんに、彼が誕生日プレゼントとして贈ってくれたのでした。

その後、ルーシーは中澤さんと彼とともに帰国。日本で3人で暮らしました。ふたりともとてもかわいがってくれましたが、ルーシーはとくに中澤さんのことが大好き。いつもいっしょにいて幸せを感じていたのです。

数年後、中澤さんはボーイフレンドと別れ、ルーシーとふたり暮らしになりました。精神的に不安定な時期もありましたが、それでもルーシーと出かけると気持ちが楽になるのを感じて、ますますふたりはなくてはならない存在になっていったのです。

ルーシーはボール投げや穴掘りが大好きな、元気で明るい子。でも、歳をとるにつれて、だんだんと体調をくずすことが多くなってきました。

ルーシーにはじめに異変が起きたのは、9歳のとき。留守番中に家の中を荒らしたり、1日中泣き叫んだりするようになってしまったのです。とりあえず動物病院で相談して分離不安の薬を飲ませることにし、ルーシーといられる時間をできるだけとるようにしました。

ルーシーは不安を感じやすい子で、飼い主さんの気持ちを敏感に感じ取ることがあったのでしょう。中澤さんが心穏やかに暮らしていると、ルーシーの状態も落ち着いてきました。

15歳のときには、気管虚脱（気管が押しつぶされて呼吸ができなくなる犬特有の病気）を発症。その後も腫瘍やすい炎が見つかるなど、心配なことが続きました。

さらに、左目の表面が引っこんだような穴が開いたような状態になり、翌年には右目が白内障から水晶体脱臼と診断されました。ルーシーは目が見えなくなってしまったのです。眼圧をはかってもらった結果、痛みは感じていないようでした。

中澤さんはルーシーを通院させながら、ごはんにも気をつかい、療養食のフードに切り替えるなどできるだけのことをしました。それでも、「ルーシーはどこか痛いのかもしれない。つらい思いをしていたらかわいそう」という不安はぬぐえません。

そのころからときどき、ルーシーが中澤さんをかむようになったのも、つらさを訴えているのかとも思えたのです。

ほしいのは一方的な愛情ではない

中澤さんとルーシーが私の病院に来たのは、ルーシーが16歳のときでした。ふたりの関係を見ると、飼い主さんがルーシーを本当に大事に思っているにもかかわらず、ルーシーの気持ちを理解していないのがわかりました。

ルーシーは、

「私があなたのことをどれほど愛し、大事に思っているかわかる？」

と言っているのに、飼い主の中澤さんはただ、

「私がルーシーを守らなければ」

と一方的にお世話をしているだけなのです。心配な病気を次々と発症したことも影響しているのでしょう。愛情から一生懸命にお世話しているのですが、それが一方的な押しつけになってしまっているようでした。それに対して、ルーシーは「私の気持ちをわかってよ！」と強く思うあまり、かみついてしまっていたのです。

私は中澤さんに伝えました。

「あなたがルーシーを守っているだけでなく、ルーシーもあなたを助けてくれているでしょう。ルーシーが話しかけても、ママは聞いてくれないことがある、と不満そうですよ」

多くの飼い主さんは「かわいいね」「大好きだよ」と愛犬に話しかけることはしま

す。でも、愛犬が何と言っているのか、何を伝えようとしているのかを、わかろうとしていないことがあります。「吠えているけど、何を言いたいかわからない」と、はじめから聞こうとしないのです。

わからなくてもいいから、「あなたの気持ちを教えて?」と話しかけてほしいのです。「わからないから、わかるように教えてほしい」「いつかわかるようになるからね」と、耳を傾けてあげれば犬はうれしくなります。

それ以来、中澤さんはルーシーの話を聞くように話しかけることで、かみつきなどの行動がおさまってきました。

また、中澤さんはルーシーが日中ひとりで留守番しているのも、かわいそうだと思っていました。でも、ルーシーはもう立派な大人なので、自分が家を守っているという気持ちがあります。

「ひとりにしてごめんね」

と言われるよりも、

「ルーシーがいるおかげで、私は安心して仕事に出かけられるよ。ありがとう」

と言われるほうが、ルーシーにとってはうれしいのです。出がけに鳴くときは説明不足なので、いつごろ帰るのか伝えてあげるとよいでしょう。

「あなたのおかげで幸せだよ」

翌年になり、私はふたたび中澤さんとルーシーのカウンセリングをしました。ふたりは前よりも信頼関係が増して、「ルーシーがときどき、わがままを見せるようになったのもうれしい」と話してくれました。

ただ、かむ癖はまだ完全には直っていないようでした。なぜなら、そこにはさらに深い理由があったのです。

ルーシーには、過去世の体験から「いい子にしていないと飼い主に嫌われてしまう」という強迫観念が依然として残っていました。そのため、ふいに「私でいいの?」という恐怖心が沸き上がると、気持ちが不安定になり「かむ」という行動に出てしまっていたのです。

でも、今の中澤さんとの暮らしで恐怖心がとれてきて、「何をやっても捨てられない。何をやっても守られる」と思えるようになりつつありました。

それでもまだ、ルーシーはときどき、

「ママ、本当にいいの？　私でいいの？　私のこと嫌いにならない？」

と吠えたり、うなったりしながら一生懸命確認しています。

それに対して中澤さんは相変わらず、

「ルーシー大好き、かわいいね」

と言っているので、まったく答えになっていません。私が中澤さんにわざと、

「ルーシーの気持ちがいつまでもわからないなら、ルーシーを病院に預けませんか？」

と言うと、ルーシーは静かに吠えるようになりました。

「何を言ってるの？　バカなこと言わないで」

と、私のいじわるな冗談に対して本気で怒ったのです。ルーシーがそこまで思っている気持ちを、もっとわかってあげてほしい。

私は中澤さんにアドバイスをしました。

「あなたは頭もよく仕事もできる女性だけれど、心に関しては自分でブロックしている面がありますね。いつもにこやかに笑って、相手との関係を悪くしないという処世術を身につけている。

もっと心を開けば、ルーシーの気持ちがもっとわかるようになります。今、ルーシーが私の冗談に怒った気持ちを知ったら、普通の飼い主さんなら泣いてしまうでしょう。それくらい心を開いてほしいのです」

人は悲しくつらい体験をしても、時間がたてば「克服した。もう大丈夫」と思うようになります。でも、本当に大丈夫なのではなく、ただ感受性を鈍くして「感じないようにしているだけ」ということもあります。

気持ちを抑えずに心を開けば、コミュニケーションもさらによくなるはず。ルーシーはきっと、中澤さんが心から笑えるようになるために、力になってくれるでしょう。

なぜならルーシーは、

「ルーシーを幸せにするよ」

と言われるだけでなく、

「ルーシーが私のことを大事に思ってくれてうれしい。あなたのおかげで私は幸せだよ」

と言われることに喜びを感じる子だからです。

そして、ルーシーは18歳まで、中澤さんのもとで生きたのでした。

中間世へ戻ったルーシー

ミニチュア・ダックスフントとして18年間の人生を終えたルーシーは、1週間ほど家にとどまり中澤さんの様子を見ていました。

そして、「ママは必ず、さびしさを乗り越えて幸せになる」と確信すると、ソウルグループが待つ中間世へと戻っていきました。

ルーシーはソウルグループの犬たちに、日本人女性と出会いすばらしい人生を送ったこと、過去世ではできなかった人との深いつながりを持ち、最後まで愛情に満たされて幸せな人生であったことを伝えました。

仲間たちは、本来なら3年前に戻ってくるはずなのに、なかなか戻らないルーシーを心配して待っていたのです。

そして、ルーシーの戻りがなぜ遅れたのか、愛する飼い主のためにぎりぎりまでそばにいて、彼女を愛し、守り、癒やしたことを聞いて感動しました。

そして、ルーシーに口々にこう伝えました。

「あなたの飼い主さんは幸せね。私たちも飼い主を愛したけれど、自分の生まれ変わりを犠牲にしてまで、時間を使うことはしなかった。でも、あなたはそれを行なった。私たちも、ふたたび生まれ変わったら同じようにしたい」

ルーシーもほかの犬たちの体験を確認しながら、自分は間違っていなかった、成すべきことができたと満足しました。

私はルーシーが亡くなってから、あらためて、ルーシーの中間世での出来事や飼い主さんへのメッセージを聞きました。

ママがさびしい思いをするかもと考えるたび、「中間世に戻るよりも、まだママといたい。ママをなぐさめたい。ママを助けたい」という思いがどんどん強くなったの。

中間世のソウルグループが私を待っていることはわかっていたけど、私はママを選びました。

それが間違っていなかったと、今、中間世に戻ってはっきりとわかった。

ソウルグループも、私のその判断が間違っていなかったと言ってくれた。

これ以上に幸せなことはないです。
私の人生は、ママなくしてはありえなかった。
これからもママの大きな力と愛によって、新しい人生を歩みたい。
ママ、どうか幸せになって。
そして、私もママのこと忘れないから、ママも私のこと忘れないでね。
いつもどこかで、ママのことを見ているからね。
必ずママに愛を送るからね、どうかそれを感じてください。

ルーシーは、犬たちが自分の命が終わってからも飼い主を思っていることを、教えてくれました。私たち人も、愛情を与えてくれた犬たちのことを忘れずに、思いを持ち続けていきたいものです。

3章

実践！
犬のアニマル
コミュニケーション

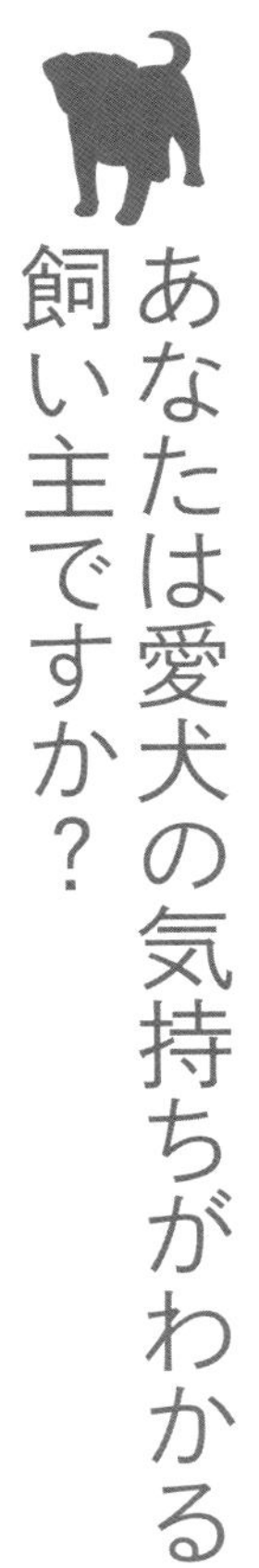

あなたは愛犬の気持ちがわかる飼い主ですか？

犬といっしょに暮らしていると、犬たちがあなたに語りかけているのを感じることがあるでしょう。彼らは人の言葉を話しませんが、それでも「自分の愛する飼い主は、必ず自分の心を理解してくれる」と信じています。

人は魂、心、感覚などの繊細で複雑な情報を、言葉という制限された記号を使って表しています。そのため、「言葉がわからなければ、気持ちなんてわからない」と決めつけてしまいがちです。

犬の飼い主さんも、ただ「かわいいね」「大好きだよ」と一方的に話しかけるばかりで、言葉にならない犬のメッセージを聞き取ろうとしない人が多いのは、とても残念なことです。人のように言葉にはしなくても、彼らはいつも一生懸命メッセージを送っています。

私がすすめる「アニマルコミュニケーション」は、人と動物との心と心のコミュニケーションです。感情や感覚などの情報をダイレクトに伝える、言葉を超えた「インナーコミュニケーション」です。

もちろん、犬に言葉をかけるのは、とても大切なことです。ぜひ、あなたの愛犬のすばらしいところをほめ、愛情をたくさん伝えてあげてください。そのうえでさらに、一方的に話しかけるだけではなく、犬の気持ちを感じるように心がけてみてください。

心と心で語り合う純粋なコミュニケーションで、動物がどれほど人を愛しているのかを知ってほしいのです。

そして、おたがいに理解し合い、ともに成長してください。

コミュニケーションのラインがつながってこそ、あなたもあなたの愛犬もおたがいの存在に感謝し、ともに暮らす幸せを実感することができるでしょう。

飼い主にもできる犬の気持ちを聞く方法

私はプロとして動物に接するアニマルコミュニケーターを育成していますが、このコミュニケーション法は、飼い主さんにも実践できるものです。

あなたは普段、犬とのコミュニケーションをどのようにして行なっているでしょうか。「おはよう」「いってきます」のあいさつをしたり、「かわいいね！」「いい子だね！」などと言葉をかけ、いっしょに遊んだり散歩をしたり、ときには「マテ」などのしつけもしているでしょう。

人から犬へのコミュニケーションは、言葉がメインになっています。犬は私たちの言っていることをほとんど理解しているため、コミュニケーションが成り立っているのです。

けれどもこれは、犬が「すべての言葉の意味を理解している」というわけではありません。人の言葉を感覚的にとらえて「大好きだよ」という言葉の波動が持つ愛の響きや、幸せなイメージを感じ取っているのです。

愛情を言葉にして表現するのは、とてもすばらしいことです。愛情をこめたほめ言葉や、相手を認めるポジティブな言葉をかけていると、犬もあなたの言葉に心を開いてくれるようになります。愛情や賞賛の念が相手に伝わって信頼関係が生まれ、彼らもメッセージを返してくれるのです。

コミュニケーションの第一段階として、あなたの犬のすばらしさを認め、どんどんほめてあげましょう。

ここまでは、多くの飼い主さんが自然にしていることだと思います。

アニマルコミュニケーションでは、ここからさらに踏みこんで、彼らの気持ちや私たちへ向けてのメッセージを、インナーコミュニケーションで感じていきます。

インナーコミュニケーションとは、言葉に頼らず、心や感覚を通してダイレクトに伝え合う、豊かで制限のない純粋なコミュニケーションの方法です。

本来、人はだれでも3歳ぐらいまではインナーコミュニケーション能力を持っており、動物や植物などあらゆる存在とコミュニケーションをしていました。成長とともにさまざまな知識や常識を身につけ、考えたり言葉を駆使したりして、純粋に感じることを忘れてしまうのです。

思いこみや常識を取り払い、直感を働かせてハートで感じるように心がけてみましょう。

アニマルコミュニケーションを実践してみよう

アニマルコミュニケーションの目的は、動物の心を感じて気持ちを理解すること。飼い主さんは普段から「散歩に行こうか」「ごはんだよ」など、ごく自然に犬に話しかけていると思います。アイコンタクトをしたり、ボール投げで遊んだりするだけでも、気持ちが通じると感じることはあるでしょう。

アニマルコミュニケーションは、そうした日頃の会話などとはちょっとちがいます。飼い主さんが「大事な話をしたい」というときに、あらたまって行なうコミュニケーションと考えてください。

「あなたの気持ちを聞かせて」という姿勢で犬と向き合い、話を聞くことが重要です。

「何か言いたいことがあるのかな」

「どうしてこの子は吠えてばかりいるのだろう」

など気になることがあるときにこそ、アニマルコミュニケーションにトライしてみましょう。

アニマルコミュニケーションは、超能力でもなんでもありません。

インスピレーションで感じるのではなく、動物の表情や動きを見ることが大事です。スピリチュアルな世界に傾倒すると、目の前にいる動物ではなく、天使を通じてコミュニケーションするなどという方もいますが、私がおすすめしているのはそうしたことではありません。

私が行なっているアニマルコミュニケーションは、現在までに確立された動物研究などの学問を踏まえたものです。動物の行動学にもとづいたサインの読み取り方に、さらに、より深い心を感じ取るためのオーラリーディングを取り入れて開発した、コミュニケーション術なのです。

たとえばお母さんは、赤ちゃんがしゃべらなくても、泣き方で気持ちや要求を察することができるようになりますね。同じように、犬のしぐさや表情から気持ちを感じ取ることができるのです。

STEP② 犬を観察して、よい印象を感じ取る

犬の気持ちは表情や動きなどに表れます。

人とのコミュニケーションでは「相手の目を見て話しましょう」と言われますが、動物の場合は視線によって相手との力関係をはかることがあります。いきなり目を見つめたり、凝視したりせずに、飼い主さん自身がリラックスした状態で犬を観察しましょう。

犬のほうから見つめてきたときは、何か言いたいことがあるのかもしれません。やさしく受けとめるようにしましょう。

また、コミュニケーションに集中するのを妨げることがあるので、ふれたりなでたりするのもやめたほうがいいでしょう。近づきすぎず適度な距離をとって、犬の出している雰囲気、よい印象を感じ取るようにしましょう。

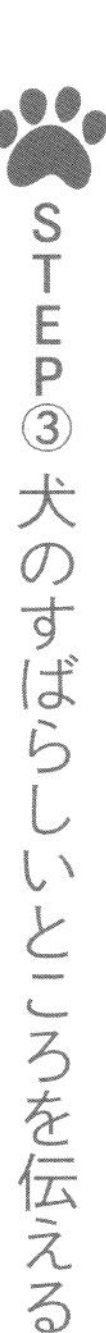

STEP③ 犬のすばらしいところを伝える

犬のよいところ、やさしさや強さ、賢さなど内面的なすばらしさや、かわいさ、

みましょう。

アニマルコミュニケーションは、超能力でもなんでもありません。

インスピレーションで感じるのではなく、動物の表情や動きを見ることが大事です。スピリチュアルな世界に傾倒すると、目の前にいる動物ではなく、天使を通じてコミュニケーションするなどという方もいますが、私がおすすめしているのはそうしたことではありません。

私が行なっているアニマルコミュニケーションは、現在までに確立された動物研究などの学問を踏まえたものです。動物の行動学にもとづいたサインの読み取り方に、さらに、より深い心を感じ取るためのオーラリーディングを取り入れて開発した、コミュニケーション術なのです。

たとえばお母さんは、赤ちゃんがしゃべらなくても、泣き方で気持ちや要求を察することができるようになりますね。同じように、犬のしぐさや表情から気持ちを感じ取ることができるのです。

アニマルコミュニケーションの進め方

準備としてライトボディワークを行なう

コミュニケーションを始める前に、まず準備として、「ライトボディワーク」を行ないましょう。

ライトボディワークは私が考案したワークで、自分自身が光で満たされ、喜びや平安に満ちているとイメージするものです。

相手が犬だろうと人間だろうと、自分がイライラしていたり、不安な気持ちだったりすると、うまくコミュニケーションできません。自分自身がやさしく、ポジティブな気持ちになり、リラックスすることが大切です。やり方は簡単です。

はじめに、自分が光に満たされているというイメージを持ちます。

からだの力を抜いて瞑想（めいそう）するように、自分がやさしく暖かな光に包まれているのを感じましょう。イメージするのがむずかしければ、

「私は光を発するライトボディになります」

と声に出して言ってみてもよいでしょう。

そして、空間全体が光で満たされ、自分と相手（犬）のハートが美しい光のラインでつながるところをイメージします。

気持ちの準備ができたら、コミュニケーションを始めましょう。

STEP① コミュニケーションの許可をもらう

はじめに飼い主さんから、

「これから大事なお話をしてもいいかな？」

「あなたの気持ちを知りたいから、教えてほしい」

というように、話を聞きたいという姿勢を見せましょう。いきなり真剣な話をしようとしても、犬もとまどってしまうからです。

ただし、犬のほうが「ごはん、ごはん！」とか「遊ぼうよー」とか「今眠いの」などと、話す気分ではなさそうなときもあります。そんなときには無理に続けても、うまくいきません。犬がゆったりと落ち着いているときに、またあらためて行ないましょう。

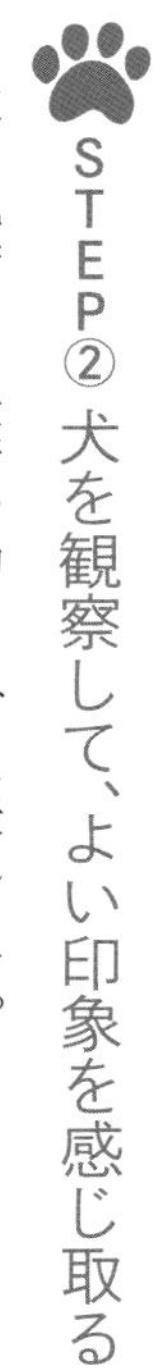

STEP② 犬を観察して、よい印象を感じ取る

犬の気持ちは表情や動きなどに表れます。

人とのコミュニケーションでは「相手の目を見て話しましょう」と言われますが、動物の場合は視線によって相手との力関係をはかることがあります。いきなり目を見つめたり、凝視したりせずに、飼い主さん自身がリラックスした状態で犬を観察しましょう。

犬のほうから見つめてきたときは、何か言いたいことがあるのかもしれません。やさしく受けとめるようにしましょう。

また、コミュニケーションに集中するのを妨げることがあるので、ふれたりなでたりするのもやめたほうがいいでしょう。近づきすぎず適度な距離をとって、犬の出している雰囲気、よい印象を感じ取るようにしましょう。

STEP③ 犬のすばらしいところを伝える

犬のよいところ、やさしさや強さ、賢さなど内面的なすばらしさや、かわいさ、美しさなどの外見を、言葉にしてほめましょう。

相手の心を開き、コミュニケーションが円滑になります。

STEP④ 実際に質問して反応を見る

「なんとなくさびしそう」「不安そう」など、気になる印象を感じ取り、質問してみます。

このとき「あなたはさびしいのかな?」と、YES、NOで答えられるようなシンプルな質問にするのがポイントです。

「さびしいの?」「何が不安なの?」「もっと遊びたいの?」などとたたみかけるように言ってしまうと、犬もどう答えていいのかわからなくなってしまいます。シンプルにひとつだけ聞いてみましょう。

また、「さびしいんだよね」などと決めつけた言い方も、よくありません。アニマルコミュニケーションでは、あくまでも「犬の気持ちを聞く」ということを忘れないように。

こちらの質問に対して、どのような反応があるか観察します。答えをゆっくり待って、なかなか反応がなければもう一度問いかけてみます。

犬も性格がいろいろですから、すぐに答える子もいれば、なかなか言えない子もいます。ゆっくりと待って、反応がYESかNOかを見極めましょう（反応の見極め方は155〜162ページ参照）。

STEP⑤ 心を癒やす言葉をかける

犬の気持ちを感じ取ることができたら、それに対してのあなたの思いを伝えましょう。その犬が心から求めていることを、言葉にしてあげることが重要です。その犬にとってもっとも必要な癒やしの言葉、それを私は「言霊（ことだま）」と呼んでいます。

私がアニマルカウンセリングをするときは、犬からのメッセージに対して言霊を選び、飼い主さんに伝えます。たとえば、過去世で捨てられてつらい思いをした子には、「ずっといっしょにいるから大丈夫だよ」など、ストレートに伝わる言霊を飼い主さんから言ってもらうのです。

飼い主さんがアニマルコミュニケーションを行なった場合も、その子が何を不安に感じているのか、何が納得できないのかがわかれば、言霊をかけることができるでしょう。

ほかにも、いくつか言霊の例をあげておきますので、参考にしてください。

「あなたは私にとってなくてはならない存在だよ」

「どんなことがあっても絶対に守るよ」

「あなたはかけがえのない宝物だよ」

「あなたのがんばりに感謝しているよ」

「これからは、もっとあなたの気持ちを大切にするね」

STEP⑥ 感謝の気持ちを伝える

最後に、「話してくれてありがとう」と感謝の気持ちを伝えましょう。それが、次のコミュニケーションにもつながります。

もしも、犬が何を言いたいのかわからなかったときは、「わからなくてごめんなさい。でも、きっとわかるようになるからね」と伝えましょう。「大好きな飼い主さんが、気持ちを聞こうとしてくれた」ということは十分に伝わります。

アニマルコミュニケーションの進め方

1 犬に話しかけて、コミュニケーションの許可をもらいます。

2 犬を観察して、犬の雰囲気、よい印象を感じ取ります。

3 犬のよいところ、すばらしいところを伝えます。

4 「Yes」「No」で答えられる質問をして、反応を見ます。

5 犬が心から求めている癒やしの言葉（言霊）をかけます。

6 コミュニケーションしてくれた犬に、感謝の気持ちを伝えます。

コミュニケーション能力をあげるトレーニング

だれでもできるアニマルコミュニケーションですが、最初のうちは思うようにできないかもしれません。1回やってうまくいかないからとあきらめたりせず、少しずつ何度でも挑戦してみましょう。

犬にも個性があり、すぐに話してくれる子もいれば、内気でなかなか話さない子もいます。話したいタイミングでないこともあるので、あせらないことが大事です。「どうしても気持ちが聞きたい！」とがんばりすぎると、犬に変なプレッシャーをかけてしまうこともあります。「ママがなんか、必死に話しかけてきて怖い」と思っているかもしれません。

気負いすぎず、リラックスして行なうのもコツです。

実際にやってみるとうまくできないという方のために、コミュニケーション能力を高めるイメージトレーニング法をご紹介しましょう。

コミュニケーションを行なう前に、コミュニケーション相手の犬の様子をよく観察してください。そして、自分が相手と同じ犬になった姿をイメージしてください。同じ犬の顔になって、同じような犬の動きをしている自分をイメージするのです。たとえば、彼らの鼓動がどのような音をしているか、筋肉がどのように躍動するか、瞳はどのような光を見ているのかなど、具体的に思い浮かべてみましょう。同じ姿になるとイメージすることで、同じ波動、波長になり、コミュニケーションのラインがつながります。

そして、自分が犬の人生を生きているかのような気持ちになって、目の前にいる犬に話しかけてみるのです。犬があなたの雰囲気の中に、同質のものを感じ取ることができれば、心と心がつながり気持ちを伝えてくれるようになります。

犬のマネをするのではなく、相手と同じ立場になるような気持ちを持つことがポイントです。

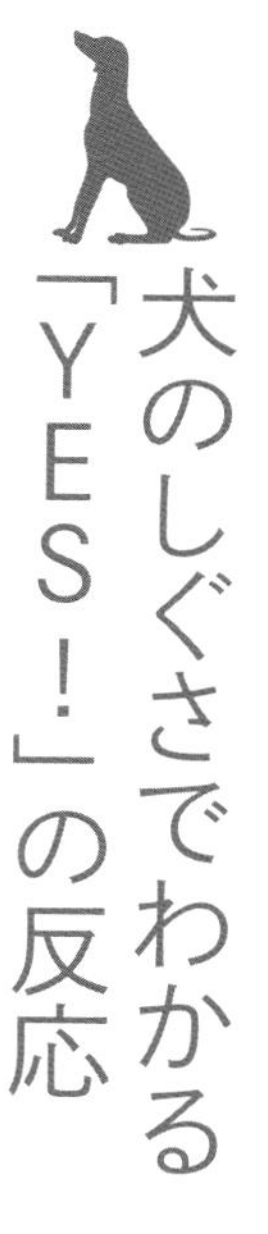

犬のしぐさでわかる「YES！」の反応

１４７ページでお話ししたように、アニマルコミュニケーションで犬からの答えを明確に聞きたいときは、なるべくシンプルに「YES」「NO」で答えられるように質問するのがコツです。

質問に対して、犬は吠えたり、うなずいたり、いろいろなしぐさで気持ちを伝えようとします。基本的なしぐさの意味を知り、気持ちを理解してあげましょう。

ただし、ここで紹介する犬のしぐさは、普段から犬がよくする動作でもあります。質問していないときに「まばたきをした」「耳を動かした」などといっても、そのたびに何か意味があるわけではありません。

あくまでも、犬が話してくれるモードになって、コミュニケーションのラインがつながっているときの反応として、考えてください。

「YES！」「OK！」という同意のときは、飼い主さんにわかってもらえてうれしい、安心している、信頼しているという気持ちの表れが次のような反応に出ます。

①はっきりと1回まばたきをする

はっきりと1回まばたきをしたときは、「そのとおり！」という同意の気持ちです。

②すり寄る

犬が近づいてきたり、すり寄ってきて顔をすりすりするのは「わかってくれてありがとう」という気持ちです。

③口をなめる

犬が自分の口をぺろりと1回なめるときも、「うん、そうだよ」という同意です。ただし、ペロペロと何回もなめているときは、何か訴えたいことがあるときです。

④からだをなめる

ゆったりとからだをなめているときは、満足してリラックスしている状態。「わかってもらえて満足」という気持ちです。

⑤耳をピッと動かす

耳を1回だけピッと動かすのは「うん、そうだよ」という気持ちです。

⑥うなずく

はっきりと顔を動かしてうなずくのは「うん！」「ＹＥＳ！」。複数回うなずくのも、「うん、うん、そうだよ」という同意の表現です。

犬のしぐさでわかる「ＮＯ！」の反応

犬が相手に同意できない、安心できないという気持ちのときは、自然に相手から離れようとします。落ち着きがなくなったり、からだのどこかを複数回動かしたりすることもあります。

また、「ＮＯ！」というのは否定だけでなく、飼い主さんがわかってくれないという不安や不満を感じているため、さびしげな雰囲気が感じられます。次のような反応には注意してみましょう。

①ため息をつく

「ふぅー」とため息をつくのは、「わかってないなぁ」という気持ちです。

②鼻息を出す

「ふんっ」と不機嫌そうに鼻息を出して、「ちがうよ」と否定の気持ちを伝えています。

③からだをかむ

自分のからだをあちこちかんだり、せわしなく毛づくろいをしているときは、イライラしています。「なんでわかってくれないの」と不満な気持ちを抱えているのです。

④ブルブルする

ぬれたり、耳に異常があったりするわけでもないのに、顔をブルブルとふるのは「もぉー、ちがうよ」と思いきり否定しています。

⑤そっぽを向く

「ぷいっ」とそっぽを向いたり、離れていくのは「もういいよ」という気持ち。わかってもらえないという気持ちの表れです。

⑥あくびをする

つまらなそうにそっぽを向いてあくびをするのは、「もう飽きた」「つまらない」というとき。同じあくびでも、気持ちよさそうにあくびをしているときは「わかってもらえてほっとした」というときもあります。

わからない、どちらでもないときの反応

問いかけの意味がわからなかったり、「YES」でも「NO」でもないときは、犬

しぐさでわかる
「Yes」の反応
パチン
1 はっきりと1回まばたきをする
2 すり寄る
3 口をなめる
ぺろぺろ
4 からだをなめる
ピッ
5 耳をピッと動かす
こくん
6 うなずく

しぐさでわかる
「No」の反応
1 ため息をつく
2 鼻息を出す
3 からだをかむ
4 ブルブルする
5 そっぽを向く
ぷい
6 あくびをする
ふわぁ〜

は首をかしげたり飼い主をじっと見つめたりします。人の反応にも似て、わかりやすいですね。

問いかけられたことを考えて、動きが不自然に止まることもあります。動きを止めて宙を見たり、何かを思い出していることもあります。

何も反応してくれなかったり、隠れてしまったときは、飽きてしまったり、こちらの様子をうかがっていることが考えられますが、「図星で気まずい」「あたっているけど言うのが怖い」という場合もあります。

また、口をもぐもぐしているときは、何か話したいことがある、伝えようとしているときなので注意してあげましょう。

犬のオーラを読み取ろう

「オーラを読む」というと、特別な能力がなければむずかしいように感じるかもしれませんが、オーラはだれにでも感じられるものです。

オーラとは物体、生命を取り囲むエネルギーフィールドです。すべての生命は、さまざまなエネルギーを発しています。そのエネルギーの持つ独自の周波数を、色として感じ取るのがオーラリーディングです。

オーラの色にはそれぞれに意味があります。そのためオーラからは、その人のからだの調子や体質、感情の動き、才能、能力など、さまざまな情報を読み取ることができます。

また、オーラの色はずっと同じではなく、そのときによって変わってきます。その犬の状況や感情などによって、不安やさびしさがなくなったり、愛情が強く出たりと変化していきます。

愛犬に似合う色を見つけよう

オーラを読み取るには、「愛犬に似合う色は何か」とイメージするとわかりやすいでしょう。似合っているのは、それがオーラにマッチしていることになるからです。

まず、コミュニケーションを取るときと同じように、相手のすばらしいところを感じて伝えます。「すてきだね」「かわいいね」と伝えて意識を合わせることで、オーラを感じる目が開かれて相手のオーラを読み取ることができます。

そして、リラックスして、犬の鼻先のあたり、頭部から背中にかけてのあたりを観察します。動物のオーラは、このあたりに強く現れるからです。

色鉛筆をかざしてみたり、実際に帽子をかぶせたり服を着せたりして、試してみるとよいでしょう。なんとなく似合うな、しっくりくるなと感じたら、それがあなたの愛犬のオーラの色です。

ぜひ楽しみながら感覚を磨いて、オーラを感じ取ってみてください。

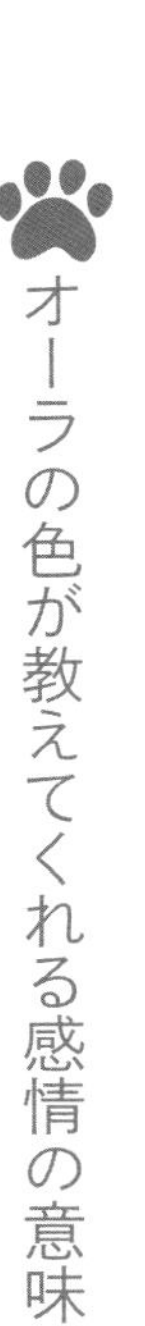

オーラの色が教えてくれる感情の意味

オーラの色には、それぞれに意味があります。オーラについて知識がなくても、赤は「エネルギー」や「怒り」、青は「さびしさ」などというように、色に対する感覚、イメージをなんとなく感じられる方もいるのではないでしょうか。オーラの色の意味を知れば、それによって表れている感情や気分を読み取ることができます。

犬のオーラの読み取り方

1 犬を観察して、
犬の雰囲気、
よい印象を感じ取ります。

2 犬の鼻先あたりと、
頭部から背中にかけての
あたりを観察します。

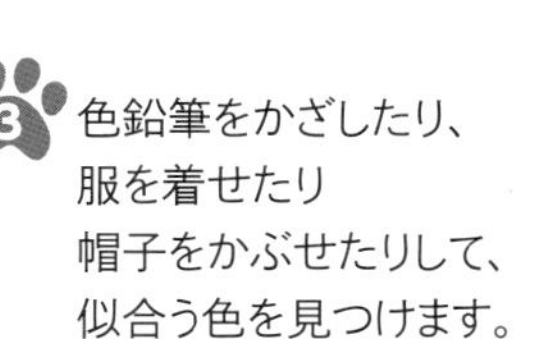

3 色鉛筆をかざしたり、
服を着せたり
帽子をかぶせたりして、
似合う色を見つけます。

4 似合うな、しっくりくるなと
感じた色が、
愛犬のオーラの色です。

オーラの色の意味

赤………力強さ、強い意志、勇敢さ
もっと能力を発揮したい。もっと認めてほしい。怒っている。不満がある。

オレンジ…癒やしを与える力、忍耐強さ、安心感を与える力
守ってほしい。認めてほしい（赤よりは弱い）。

黄色………明るさ、喜びを与える力、頭のよさ、元気を与える力
役に立ちたい。評価してほしい。ほめてほしい。

緑…………やさしさ、平和を愛する心、責任感の強さ、友好的、親しみやすさ
強い信頼関係がほしい。おたがいに理解を深めたい。飼い主の気持ちや状況の説明をしてほしい。

青…………素直さ、純粋さ、自由を愛する心、誠実さ

さびしい。自信がない。もっと自由にさせてほしい。

紫………精神性の高さ、慈愛、気品、賢さ
　不安がある。心配なことがある。確認と説明がほしい。

ピンク……まわりを癒やす力、愛情深さ、まわりを幸せにする力
　もっとほめてほしい。もっと愛してほしい。自分の気持ち・愛情を飼い主に理解してほしい。

問題行動にはすべて意味がある

「うちの犬はどうしてこんなことを……」と思うような、人にとって都合の悪いことを「犬の問題行動」といいます。吠えてばかりいる、おとなしく留守番できない、トイレが覚えられないなどは、犬を飼う人が悩む問題行動の代表的なものです。

ただし、「犬に問題があるから、やめるようにしつけなければいけない」というのは誤解です。

多くの場合、問題は犬よりも飼い主さんにあります。犬を飼っている環境や飼い主さんの接し方、言動にこそ、問題行動の原因があるのです。

犬の行動には、それぞれにちゃんと理由があります。

犬はいつも人に話しかけています。しかし、それが飼い主さんにわかってもらえないと、なんとかして伝えたいと人の気を引くような行動をとるようになります。人にとっては困った行動と思われることも、「飼い主さんに伝えたい」「気づいてほしい」という切実なメッセージなのです。

一見、困ったいたずらに見えることでも「部屋中を散らかしたら、ママが飛んで来てくれた！」などと、「こうするとママがかまってくれるぞ」と気を引くために効果的だと思いこんでしまうこともあります。

アニマルコミュニケーションを通じて、問題行動と見えることに本当はどんなメッセージがあるのかを、読み取れるようになりましょう。

あなたの犬がなぜそんなことをするのか、行動の意味を理解すれば、それにあっ

犬の
問題行動の
いろいろ
1 なめる・甘がみする
いつ帰ってくるの？
5 トイレができない
2 留守番ができない
がじがじ
わん！わん！
6 ものを壊す
3 ムダ吠えをする
4 人や犬に向かっていく
わんわん！
7 ほかの犬と仲良くできない

た解決法が見つかります。

なめる・甘がみする

犬が人の顔をペロペロなめたり、甘がみしてくるときは、直接的な愛情を求めています。さびしさや愛情を求める気持ち、もっと自分を認めてほしいという気持ちの表れなのです。

子犬だから甘がみしても大丈夫と思っていても、成犬になっても直らなかったり、はずみで人を傷つけてしまったりする心配もあります。

「あなたのこと大好きだよ」「いつもがんばっていてすごいね」と、気持ちを言葉で伝えてあげてください。

犬がなめたり、甘がみをしてきたら、なめ返したり甘がみをし返したりするのも効果的。ギュッと抱きしめるなどして愛情を伝え、犬の気持ちを満足させてあげることが大事です。

留守番ができない

家にひとりでいさせると、部屋を散らかす、トイレのそそうをする、うるさく吠えてしまうなど、上手に留守番できないというのも、飼い主さんにとっては困った問題です。

これは「置いていかれてしまった」「いつ帰ってくるかわからない」という不安を犬が感じているためです。

さびしくて不安でたまらず、じっとしていられなくてゴミ箱をあさったり、飼い主さんの服をぐちゃぐちゃにしたりしているのです。また、単純に「退屈でたまらなかったんだもん」という子もいます。

飼い主さんが帰ってくることがわかっていれば、ひとりでいることが不安でたまらないなどということはありません。犬は体内時計で時間を理解しているので、「何時ごろに帰ってくるよ」ときちんと伝えてあげるようにしましょう。

「いい子にしてるのよ！」などと言うのでは、帰りもわからないうえに信用されていないようで、不安も不満もつのってしまいます。

「ぼくがおうちを守ってるよ」という気持ちで留守番していた子には、帰ったらたくさんほめて感謝を伝えましょう。

ムダ吠えをする

「犬のムダ吠えをやめさせるには、どうしたらいいですか?」と言う人がいますが、犬はムダに吠えているのではありません。チャイムが鳴ったとき、人が来たとき、ほかの犬が来たときなど、原因があって吠えているのです。

このようなときに吠える理由は、その犬によって微妙にちがいます。

①がんばって吠えている犬

「家族の役に立ちたい」「認めてほしい」という気持ちが強い犬は、家族を守るためにがんばって吠えています。

自分の役目として家族を他人から守っていることに注目してほしい、認めてほめてほしい気持ちがあるので、「吠えちゃダメだよ！」と言うのは逆効果。「こんなにがんばっているのに！」と、よけいに不満を抱えることになってしまいます。

飼い主を守ろうとしている子には、

「がんばっているのはわかったよ。守ってくれてありがとう」

と伝えましょう。彼らが役目を果たせたと思えればＯＫなので、いつまでも吠え続けたりすることはありません。

②怖くて吠える

気が弱い犬の場合は、怖くて過剰防衛で吠える子もいます。怖がってストレスを感じている子には、状況を説明して「大丈夫だよ。絶対に守るよ」と言葉をかけて安心させてあげるようにします。

③調子に乗って吠える・不安と自己主張から吠える

また、守るという意識よりも、ただ調子に乗って吠える子もいます。

よその人や犬に対してどうしたらいいのかわからず、不安と自己主張と両方の気持ちから、ただ吠えてしまう場合もあります。

ほめたり、やさしく言い聞かせたりしても吠えるのをやめない子には、きっぱりと指導しなければなりません。状況を説明し、「吠えなくていいんだよ」ときっぱりした態度で伝えるようにしましょう。

人や犬に吠える

ほかの犬に向かって吠えるのは、自分や飼い主を守るため、縄張りなどの自己主張をするためです。ただ、それ以外にも、犬同士のちょっとしたいさかいで吠えていることもあります。

動物はインナーコミュニケーションが発達しているため、散歩中の犬たちはインナーボイスで言葉を交わし合っています。犬たちはけっこうおしゃべりで、すれちがいざまに軽口をたたいたりしているのです。

あるとき私が目撃したのは、大型犬のゴールデンと小さなかわいいチワワが散歩で出会い、ゴールデンが急に吠えかかったところでした。

チワワの飼い主さんは驚き、ゴールデンの飼い主さんは「すみません」とひたすら恐縮して、犬を叱りながら引っ張って行きました。でも、じつはチワワが「デブ犬！」とゴールデンをバカにしたため、文句を言い返しただけだったのです。チワワは飼い主さんに抱っこされ、怒られているゴールデンに「ざまあみろ」と言って去って行きました。

相手の犬は何もしていないのに突然吠えだしたときは、黙っている犬のほうが先に悪口を言ったりからかったりしたと思って間違いないでしょう。飼い主さんのことをバカにされるのも犬にとっては屈辱的なので、吠えて反撃することもあります。

犬が吠えるときは、トラブルにならないようにすぐに相手の犬から離すことが大事。そのあとは一方的に叱るよりも、話しかけてあげるとよいでしょう。

吠えるだけでなく、人や犬に向かっていく攻撃的な犬もいます。自分の犬がよその人や犬にかみついたりすれば大変なことになるので、飼い主さんとしても気をつけたいところです。

しかし、かみつく犬が凶暴だというわけではありません。むしろ、不安や恐怖心から、攻撃的になっていることのほうが多いのです。

このような場合、犬は恐怖で興奮状態にあるため、すぐにリードを強く引くなど断固として止めなければなりません。止めたあとはすぐに、「何があっても私が守るから大丈夫だよ。心配しなくていいよ」と落ち着いた態度で犬に接するようにします。

ずっと叱り続けたり、飼い主さんまで動揺してしまうと、犬は「やっぱり、自分のことは自分で守らなければいけない」と、おびえたまま過ごすことになってしまいます。

自分のからだをかんだりする犬も、同じように不安におびえている傾向がありま す。過去世のつらい記憶が関係していることが多いので、「何も心配ない。安心して、のんびり暮らしていても大丈夫なんだ」と思えるように、日頃から飼い主さんが言葉をかけてあげるようにしましょう。

トイレができない

室内飼いでトイレがうまくできないと、飼い主さんは大変です。本来、犬はトイレを覚えることができるので、失敗するにはそれなりの理由があります。

①トイレの環境が適切でない

決まったトイレでできないのは、トイレが汚れていたり、犬にとって落ち着かない場所だったりすることが考えられます。

トイレはつねに清潔に保つことが基本。多頭飼いの場合は、ほかの犬との力関係でうまくできないときもあるので、失敗する子がいるなら頭数分のトイレを用意するとよいでしょう。

猫は危険を避けるためにめだたない場所で排泄しますが、犬はオープンな場所で排泄して自分の存在を主張する傾向があります。部屋のすみのだれの目にもつかないような場所だと、犬にとっては気に入らないこともあるようです。

飼い主の目の届く場所で、気に入る場所にトイレを置いてあげましょう。

②精神的な問題がある

トイレの環境がきちんとしているのに失敗するときは、気持ちの問題が考えられます。不満や不安な気持ちを伝えたり、自分をアピールするために、わざとトイレ以外で排泄してしまうことがあるのです。

においをつけるマーキングは、自分の縄張りを主張するためのもの。自分の存在が認められていることがわかれば、必要以上に自己主張することはなくなります。

飼い主さんとのコミュニケーションに満足できなくて、部屋で排泄したり、食フンをしてしまうこともあります。飼い主さんの気を引くために、わざとしていることなのです。その子のよいところを認め、ほめてあげたり、不安があるようなら「私がずっと守るよ」と伝えるようにしましょう。

自分の居場所を確かにして安心させてあげることで、解決できます。

ものを壊す

犬がものをかじったり壊してしまうのは、多くの場合、もっと自分に注目してほしい、愛情がほしいという気持ちの表れです。

「なんでわかってくれないの！」というアピールですから、それに対して「またやったの！　ダメでしょ！」と叱るのはなんの解決にもなりません。

いっしょにいる時間をとり、その子をほめたり、どれほど大事に思っているかを言葉で伝えましょう。

その子が自分の気持ちを思いきり表現できるように、壊してよいものを与えるのもひとつの解決法になります。犬用の骨やガムなどを渡して、十分納得のいくまでかませてあげましょう。

ほかの犬と仲良くできない

犬同士にも、人と同じように相性があります。犬にも好き嫌いがあるので、飼い主さんが「みんなと仲良く」などと強要するのはやめましょう。人は相手が苦手な人でもそれなりにコミュニケーションをとりますが、犬同士は無視して関わりを避けるのが普通です。

だれとでも仲良くするというのは、動物の行動としてはナンセンス。下手をしたら自分の身が危険なこともあるからです。

①ほかの犬や動物と仲良くできない

散歩やドッグランでほかの犬と遊ばせたいという人がいますが、それを犬が喜ぶとはかぎりません。シャイな子もいれば、犬づきあいが苦手な子もいます。

とくにドッグランは不特定多数の犬のにおいが混じり合い、繊細な子にとっては、いるだけで嫌ということもあるのです。無理に遊ばせることはありません。

気の合わない犬同士が顔を突き合わせると、対決姿勢になってしまうので要注意。飼い主さんは犬の気持ちを尊重して、無理に犬を遊ばせないようにしましょう。知らない犬よりも飼い主さんと遊ぶほうが、犬にとってずっとうれしいのです。

逆に相性がよい犬なら、見た瞬間に気に入り、インナーボイスで会話して仲良くなることもあります。

②いっしょに住んでいる犬と仲良くできない

犬を多頭飼いしている人にとって、犬同士の仲が悪いのは頭の痛い問題でしょう。

飼い主さんは、1頭ではさびしくてかわいそうだからといって2頭目を迎えますが、このとき先住犬になんの説明もしていないことが多いようです。先住犬が「私に満足できないから、新しい子を迎えたんだ」と思ってしまってもしかたありません。

無邪気に仲良くできることもありますが、犬が家族の中で自分の存在意義や役割、アイデンティティが見出せないと、問題が起こってしまいます。もっと愛してほしい、認めてほしいと思い、多頭飼いの中でだれが一番なのかと言い合いになってしまうのです。

何頭もいる中で、問題を起こす子がいるときは、愛情不足が原因です。問題を起こしている子には、どれだけ愛しているかをしっかりと伝えることが重要です。「だれが一番好き」ではなく、ただ「あなたのことが大好きだよ」と伝えるようにしましょう。

4章

犬と人との出会いと別れ

動物たちの輪廻転生

私たち人も動物も、命が尽きたらそれでおしまいというわけではありません。肉体を持っているかぎり命は必ずなくなりますが、魂はまた生まれ変わって現世に戻ってきます。たがいに思いやり、愛し合った体験は魂に宿り、新しい出会いを得てまた大きく広がっていくのです。

人や動物が亡くなると、魂はからだから離れて、生まれ変わるための準備の次元、中間世へと戻ります。

中間世での準備期間は、その種としての現世の命の長さと比例しています。生命体験のシンプルな虫や小動物などは短く、体験が複雑になればなるほど、輪廻転生の準備期間は長くなるのです。

犬や猫は7、8年ですが、人の場合は40年から50年かけて中間世で準備をしており、これが生まれ変わりのスパンとなります。

犬は群れ社会で暮らす、コミュニケーション能力が発達している動物です。犬たちは同じような人生を歩んでいるソウルグループの仲間とともに助け合い、亡くなると中間世に戻ってきます。そして、ソウルグループでおたがいの体験を話し合い、共有し合って、「次はどのような人生を歩むのか」を決めて生まれ変わるのです。

動物の中でも犬のようなペットはとくに、生まれ変わりの中でくり返し人と出会い、人に愛情を伝え続けていきます。

犬にとって人生はつねに人との関係の中にあり、人との群れ社会で経験を積むために生まれてくるのです。

犬たちは過去世の記憶を持っている

犬は中間世で7、8年を過ごして、生まれ変わることになります。人とはちがって比較的短いスパンで生まれ変わるために、過去世の記憶を持ち、それに影響されていることがよくあります。

過去世が充実した人生であり、使命をまっとうした体験ができていれば、まっさらな状態で次の体験をスタートできるのですが、すべての犬がそうとはかぎりません。愛情を受けられなかったり、食べるものにもありつけなかったり、自分が主人を守ろうとしてもできなかったことなど、マイナスの体験は次の人生に引き継がれてしまいます。

私のカウンセリングでは、今は幸せに暮らしているのにもかかわらず問題行動がある犬たちに、過去世のトラウマや不安が見られるのがわかります。

過去世のつらい出来事から解放され、今世での目的をはっきりさせられれば彼らの現在は満ち足りたものになり、充実した体験を持って次の人生に進むことができます。

ともに暮らす飼い主さんが、犬たちが何に不安を持ち、何を恐れているのかを理解できれば、よりよい人生のためにおたがいに助け合っていくことができるでしょう。

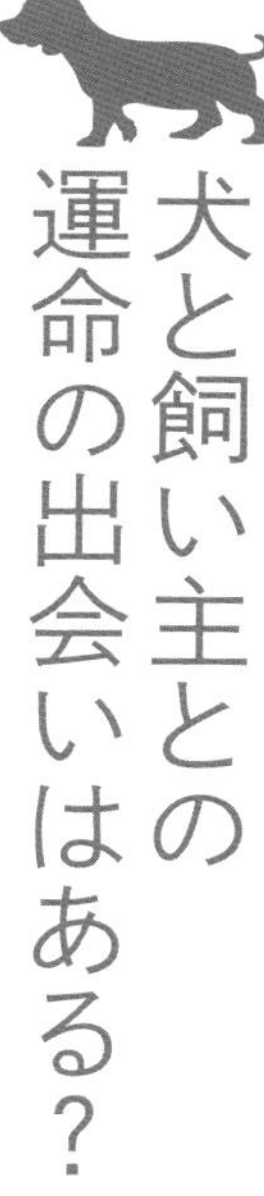

犬と飼い主との運命の出会いはある？

動物たちは生まれ変わるごとにいろいろな体験を積んでいくことが重要なので、今回の人生での目的を果たせる環境を選び、生まれてきます。

「人を守る、人の役に立つ仕事を体験したい」

「飼い主さんに愛され、病気であっても最後まで大切にされる体験をしたい」

「飼い主さんを愛し、飼い主さんの力になりたい」

「自分が家族の絆を深めて、飼い主さんに幸せになってほしい」

犬の魂が決めたさまざまな願いや人生の目的から、それを可能にする環境を選んで生まれてきた犬たちと、人との出会いは偶然ではありません。

「目が合ってしまって、この子に決めました」という話をよく聞きますが、出会ったからには、あなたはその犬の望んだ体験を叶えられる飼い主であるはずです。

では、人のほうは、どのように犬との出会いを選んでいるのでしょうか。

人は住まいや家族の環境条件があり、犬に関する知識もあるため、さまざまな情報や条件で犬を選んでいるように見えます。

けれども、最終的には、なぜか無意識に自分に似たタイプの犬を選ぶことが多いようです。

また、自分の記憶にもない過去に飼っていた犬と似た犬を選ぶこともあります。なんとなくひかれた、目と目が合ったということは、そのような要素があるのかもしれません。

言うまでもないことですが、犬を飼うのは命をあずかることなので、衝動的に決めず、真剣に考えなければなりません。愛情があることはもちろんですが、現実問題として最後までいっしょに暮らせる住環境があるのか、犬の世話にどのくらいの時間を費やせるのかなども重要です。

犬種だけで性格がわかるわけではありませんが、遺伝的な血統の特徴として、狩猟犬だから運動量が多いなどのちがいはあります。大型犬であれば世話や散歩もハードになるので、世話する体力や経済力が十分かなども検討材料となります。

家族みんなで、将来のことまで含めて決めるようにしましょう。

犬との楽しい暮らしはすでに、ここから始まっています。

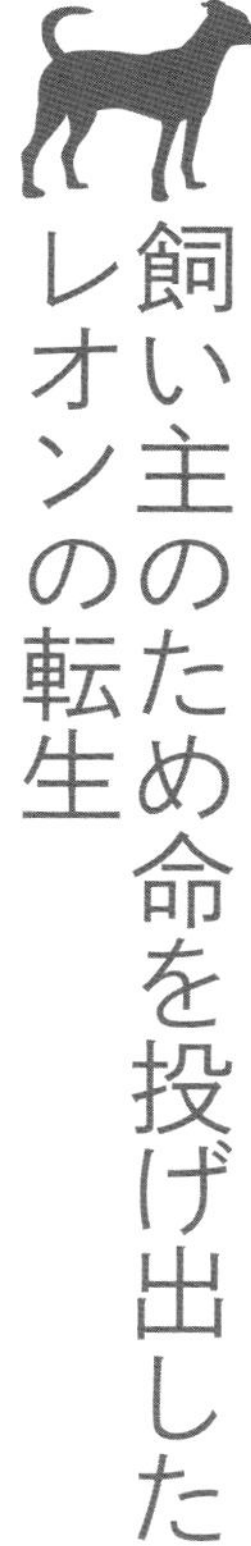

飼い主のため命を投げ出したレオンの転生

犬が生まれ変わるときは、「次はちがう人生を」「新たな使命や体験を」と望んでくるものです。

ただし、ごくまれに犬が若くして死んだり、果たせなかった役目をやり直したいという思いから、同じところに戻ってくる場合もあります。私が看取った犬の中で、不整脈で突然死したポメラニアンのレオンは、生まれ変わりを約束してくれたケースです。

レオンはもともと心臓があまり強い子ではなく不整脈などの症状がありましたが、それ以外は問題もなく、元気で陽気な男の子でした。ところがある朝、散歩の途中で急に倒れてしまい、心肺停止の状態で私の病院に運びこまれたのです。私は心臓マッサージと人工呼吸を施しました。しかし、15分もすると、

「先生、やめて、やめて」

というレオンの声が聞こえました。通常、心臓マッサージは30分や1時間はするものです。

「いや、助けるためにやるよ」

と続けても、やはり「やめて」と言うので、手を止めてレオンのメッセージを聞きました。レオンは、その前月に亡くなったおばあちゃんのもとへ行くというのです。

おばあちゃんがぼくたちのところへ来て、何度も「さびしい」と言うから、ぼくはおばあちゃんのところへ行くと決めたんだ。

ママがいつもおばあちゃんのことを考えて、さびしそうにするたびに、ぼくはママのためになんとかしなくちゃいけないと思っていた。

だから、ぼくは今日、おばあちゃんがさびしい思いをしないように、いっしょに暮らすと決めたんだ。

そうすれば、ママが「よくやった。おばあちゃんを守ってね」と言ってくれそうな気がするよ。

ぼくがおばあちゃんを守るから心配しないでほしい。

ぼくはママが大好きだし、ママの役に立てたらうれしいと思っているからね。

だから、悲しまないで。

できればママに、「すごい子だね。よくやったね」と言ってほしい。

それがぼくの最後の願いです。

ママと出会えたこと、ママといっしょに暮らせたこと、本当に幸せだった。

ママ、本当にありがとう。


これが、レオンの診察台での最後のメッセージでした。

レオンは飼い主さんである石川家のママとおばあちゃんに迎えられ、2歳のときにアンジェラというお嫁さんを迎えました。アンジェラは少しわがままなところがありましたが、レオンは決して怒らず、仲良く暮らしていました。

おばあちゃんは病気になり手術をしたのですが、術後の経過が思わしくなく、約2か月の闘病の末、亡くなってしまったのです。

レオンが倒れたのは、そんな矢先の出来事でした。

そして、おばあちゃんのところへ行くことは、「おばあちゃんのためにもママのためにもよいこと」だとレオンが決めたのです。

「ママにはアンジェラがいるから大丈夫。アンジェラにまかせよう」という気持ちで、旅立ってしまったのでした。

動物は飼い主のために、いつでも死ぬ覚悟がある。そのくらい愛情を持っているということを、レオンは身をもって教えてくれました。

その後、レオンからは「もう一度、ママのところに生まれ変わる」というメッセージがありました。

しばらくは家族が心配で中間世に行けないでいるおばあちゃんのそばにいて、その後、生まれ変わりの準備をするといいます。12年後に、ゴールデン・レトリバーのメスとして生まれ変わる目標があるのだそうです。

同じ家庭に生まれ変わってくるのはめずらしいことですが、レオンの場合、まだ5歳と若かったため、次はママと最後までいられるようにと考えているのです。

肉体を持つものは必ず亡くなります。

けれども、亡くなることは不幸ではなく、ひとつのステージの終わり、変化なのだと、あらためて教えられた出来事でした。

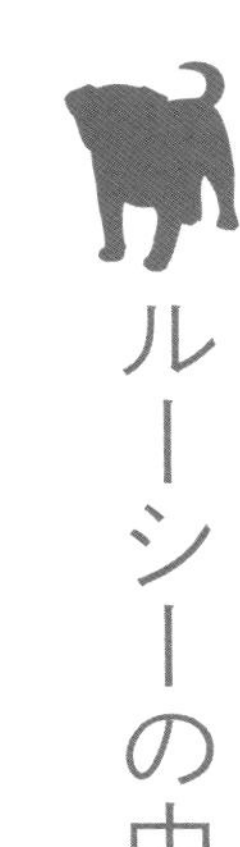

ルーシーの中間世での計画

中間世に戻った動物たちの魂は、生まれ変わってからの新しい人生の計画をしていきます。もう一度、犬としての体験をするのか、それとも新しい種になって今までとはちがった体験をするのか、これまでの体験にもとづいて計画を進めるのです。

2章のエピソードで紹介したルーシーは、飼い主さんを現世で見守るために中間世に戻るのを遅らせた経緯がありました（124〜135ページ参照）。

18年の充実した人生を終えたルーシーが、次にどんな計画をするのか、ルーシーが送ってくれたイメージを紹介しましょう。

ルーシーは、ふたたび犬としての人生を行なうのなら、病気などで苦しむ多くの人を助けるために、介助犬かセラピードッグになることを考えています。

もうひとつの選択肢として、新しい体験のために、アメリカの大自然の中で美しく自由に暮らすオスのシカとなる計画もあるようです。

シカとしての人生を選んだ場合は、仲間に、人とのつきあいは決して悪くないこと、人は危険で自分たちを苦しめる存在ではないことを伝え、自分たちを愛し守る人がいることを知らせる役割を果たすことを考えています。

ルーシーがどちらの人生を選ぶにしても、飼い主さんが「ルーシーが今世でどれほどすばらしい働きをしたか。彼女のことをどれほど誇りに思っているか」を伝えることで、新しい人生へ向かう後押しをすることができるでしょう。

亡くなったルーシーに思いを送り続けることで、ルーシーは勇気を得て、さらなるすばらしい人生を歩むことができます。

病気で死を前にした犬たちの思い

私の病院には、末期がんなど「もう助からない」と動物病院で言われた動物たちも来ます。病気で苦しむ犬たちを見る飼い主さんは、とてもつらくて、少しでも苦しまないように楽にしてあげたいと願っています。

人によっては、「症状がひどくて苦しむようなら、安楽死させてあげたほうがいいのでは？」と言う方もいますが、それはちがいます。もちろん、その方なりの愛情があって言っているのはわかりますが、人に対して考えないようなことは犬に対してもするべきではないのです。

病気の犬は、みんな飼い主さんのことを思い、がんばっています。

私の病院に来て、からだがつらい状態でありながら、

「ごめんなさい。病気になって、こんなにママに心配かけてしまってごめんなさい」

と言う犬がよくいます。

そんなとき私は、飼い主さんから「謝らなくていいんだよ」と伝えてもらいます。

「ごめんなさいじゃないんだよ。私はとてもあなたを愛してるよ。こんなにがんばってくれてありがとう」

と飼い主さんが伝えると、

「まだがんばってもいいの？」

と犬は安心できるのです。

からだと心の痛みはつながっているものです。末期がんの子などはからだも苦しいですが、さらに「飼い主さんに心配をかけて、つらい思いをさせている」という精神的な苦しみも抱えています。

飼い主さんとのやりとりで精神的な苦痛をとり、エネルギー治療で身体的な苦しみをやわらげてあげると、両方の苦しさを癒やしてあげることができます。


ラブラドール・レトリバーで、「これ以上、迷惑かけたくないから、もう亡くなってもいいんだ」と言う子もいました。大型犬で持ち上げるのが重く、介護が大変なことを、この子自身もよくわかっていたのです。

飼い主さんから、

「あなたが歩けなくなっても、存在そのものがパパやママにとっては大切なんだよ。何も迷惑なんかじゃないよ」

と伝えてもらうと、その子は明るさと生きる気力を取り戻してくれました。腰はもう立てないままでしたが、顔つきが明るくなって、最後までおだやかに暮らしたのです。

高齢で腰が悪く、白内障で目が見えなくなったミニチュア・ダックスフントの子も、自分の病状に苦しんでいました。プライドが高い子だったので、「自分はもうママを守ることができない。こんなぶざまな姿を見せたくない」と悲観していたのです。

でも、ママに、

「あなたがいてくれることが家族の幸せだよ。からだなんて関係ないよ」

と言われると、「ほんとう?」と言って、うれしそうに顔を輝かせました。

それからは、安心しきってまるで赤ちゃんのようになり、「ママ、おしっこ〜」「ママ、ごはん、お口に入れて〜」という具合に甘えるようになったのです。心臓も弱っていたので、あと数か月もつかどうかと話していたのですが、それから3年近くも楽しそうに生きて大往生でした。

最近では、高齢まで生きる犬が増え、長く患ったり介護が必要なケースも多くなりました。飼い主さんは、犬の苦しみを思ってつらそうな顔をしてしまうものです。

「大学病院でこう言われました」

「もう危ないそうです。痛くてつらそうで……」

と、みなさん悲痛な面持ちで私の病院にいらっしゃいます。

そんなとき私は、飼い主さんに

「これは不幸なことじゃない。私が助けてあげるから、あなたは深刻な顔をしないでください」

と言います。

犬は、自分のせいで飼い主がつらい顔をしていると思ってしまうので、

「あなたの世話がつらいんじゃない。助けられないのがつらいだけなの」

と伝えてあげることが大事なのです。

「私が最後まで守るよ」と自信を持って、犬に伝えてあげてください。犬の人生を

最後まで見守るのが、飼い主さんの役割です。

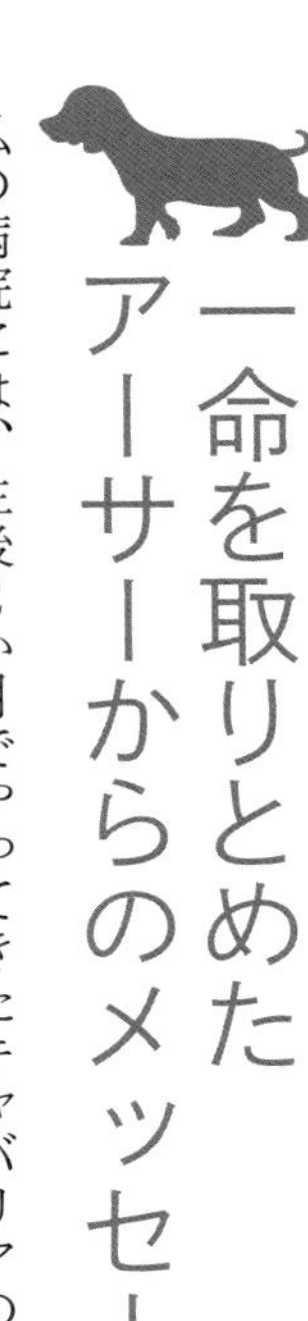

一命を取りとめたアーサーからのメッセージ

私の病院には、生後2か月でやってきたキャバリアのアーサーがいます。飼い主さんの家で生まれた5頭の子犬から、アニマルコミュニケーションのモデルにと病院で1頭を譲り受けることになったのです。

生後1か月の検診で病院に来たとき、「先生、ぼくだよね。ぼくがここに来るんだよね」と、ちょこちょこと進み出てきた男の子がアーサーです。頭の毛が冠のようだったので、アーサー王から名前をつけました。

病院の犬として飼っていますが、ママとしてお世話しているのはスタッフのひとりです。

小さいころのアーサーは、ママにとても甘えていて、昼間は仕事中のママのひざの上が定位置。ママが体調を悪くしてときどき会えないこともありましたが、病院を守るという仕事をしながら元気にがんばってくれていました。

アーサーは私に、動物も神様に祈るほどの思いを持っているのだと教えてくれた子です。アーサーは大変な闘病を経験したのですが、からだがつらく苦しい中から、多くのメッセージを私たちに伝えてくれたのです。


アーサーがてんかんの発作を発症したのは7歳のときです。

突然気を失って倒れ、からだをのけぞらせて四肢を突っ張るようなけいれんを、数週間ごと、ひどいときには毎週のように起こすようになりました。健康診断ではキャバリア特有の心臓疾患があることもわかり、6段階中2段階のレベルであると診断されました。

ある日、アーサーが大きな発作を起こしたため、西洋獣医学の動物病院で抗てんかん薬の注射などの治療を受けました。1時間ほど苦しみ続けたあと、やっと薬が効き、スタッフであるアーサーのママが自宅に連れ帰って様子を見ることになりました。

抗てんかん薬は強い鎮静作用で発作を抑える効果がありますが、薬のためにからだは弛緩し、意識がはっきりしなくなります。私の病院でヒーリング治療を行ないながら、ママはアーサーの回復を願い、つきっきりで看病を続けました。

けれども3日後、アーサーはまた大きな発作を起こしたのです。

私はこのままではアーサーを救えないと考え、救急の動物病院に連れて行きましたが、到着したころには心肺停止となってしまいました。救命措置によってなんとか蘇生したものの、集中治療室に入って「今夜にも危ないかもしれない」と言われる状態になってしまいました。

アーサーからメッセージを受け取ったのは、そのときでした。


先生、ママ、お願い。

ぼくがたとえどんな状態でも、勇気を持って、ぼくの心を信じて、先生の病院に連れて帰って。

ママといっしょにいたいんだ。


このメッセージを受け、私たちはアーサーを連れて帰る決断をしました。そして一晩中ヒーリング治療を施し、その晩はなんとか乗り切ることができました。

くり返しになりますが、現在、私の病院では、注射や手術などの西洋獣医学の治療は行なっていません。私はアーサーに心から詫びました。

「西洋獣医学の治療を続けていれば、エネルギー治療をしながら点滴や薬の投与もして、私の病院だけで治療することもできたでしょう。でも、今はエネルギー治療だけしか行なっていないため、君の命を間違いなく助けるとは言えない。そのことがとてもつらい。どうか許してほしい」

それを聞いたアーサーは答えてくれました。

「つらくて気持ち悪くなる注射や薬よりも、先生の温かい手に包まれてヒーリングしてもらったほうがいい」

そして、生死の境をさまよいながら、ふたたび私たちにメッセージをくれました。


ぼくは、人と動物の役に立ちたいと思って、先生の病院に来ることを決めたんだ。

でも、ぼくの人生はもうすでに3分の2以上を超えてしまった。

このままではいけないと思っている。

だから、ぼくは神様にお願いした。

「神様、ぼくを変えてください。ぼくが最初に望んだような犬になれるようにしてください。どんなに苦しくても、どうかぼくを変えてください」って。

苦しいけれど、ぼくは必ずこの試練を乗り越えて新しい自分になるから、先生とママにはその証言者になってほしい。

そして、犬も自分の人生を決めようとすること、人と同じように神様に近づくことを望んでいることを、多くの人に伝えてほしい。

ぼくの変わった姿を、たくさんの人に見せてほしい。

そうすれば、ぼくは、アーサーとしての人生を無駄にしないで立派に生き抜いたと証明できるから。

アーサーは心肺停止になりながらも、必死の思いでメッセージを伝えてくれたのです。私は彼を助けるためにどうすればよいか考えに考え、神聖な存在に祈り続けました。

これまで私は、がんをはじめとする、現代医療では回復がむずかしいといわれた

動物たちの、さまざまな奇跡に近いような改善を体験してきました。しかし、今、目の前にほとんど意識なく横たわり、脳神経も心臓も危機的状況になったアーサーには、打つ手はないと感じていました。

それでもアーサーは、命をかけて私を信頼してくれているのです。アーサーの思いに報いるために、私はひたすら考えました。

そして、まずは頭を癒やす必要があると感じ、アーサーの頭にエネルギーを送りました。すると、不思議なことが起こりました。まるで光の手のような美しく輝く指先が、アーサーの眉間から頭の中に入っていくのが見えたのです。私は「アーサーは助かる」と直感しました。

アーサーは、またメッセージを伝えてくれました。

神様がぼくの前にやってきて、「よくがんばった。お前は十分に役割を果たした」と言ってほめてくれたんだ。

先生がいつも言っているように、肉体は終わっても魂は永遠だということが、神様の祝福を受けて、ぼくにもはっきりとわかったよ。

ぐったりしてほとんど動けないアーサーでしたが、翌朝、まるで深い眠りから覚めるように目を開け、私のほうを見てくれました。私はこのとき、奇跡が起きたと感じました。

数日後には、ふらつきながらも外へ出ておしっことうんちをしたと、スタッフが喜んで教えてくれました。それからはみるみる元気になって、健康を取り戻し、元気に走り回って病院を守ってくれています。

アーサーはほかにも大切なことを教えてくれました。

救急病院で入院しているとき、一度、からだを離れて、自分自身やほかの動物たちの姿を空中から見ていたそうです。その施設では、危篤状態の犬や、すでに亡くなって肉体から離れた犬の魂が、飼い主が迎えにくるのを待っていたそうです。

アーサーは、彼らの気持ちも私たちに伝えてくれました。

ママ。大切な家族であるぼくたちが、病気になったり、亡くなったりして、後悔し悲しんでいる飼い主さんに伝えてほしい。

動物たちはみんな、そんな飼い主さんに伝えたい気持ちがあるけれど、伝えるすべがないいんだ。

飼い主さんが何をしてくれたかは、問題じゃない。

ぼくたちは、ただ、あなたがあなただから大好きなんだよ。

ぼくたちには、永遠に変わらないあなたたち（人）のハートの輝きが見えるんだ。

人の美しい魂の光が見えているから、人を愛さずにはいられないんだ。

最期を迎えた犬たちが飼い主に伝える思い

動物病院を開業して、はや25年の年月が流れようとしています。これまで、犬をはじめ何万頭もの動物たちとの出会いがありました。病気が治って元気になる子もいれば、結局、命尽きて亡くなる子もたくさん見てきました。

西洋獣医学一辺倒だったころは、愛犬が亡くなって嘆き悲しむ飼い主にどんな言葉をかけてよいかわからず、ただ「お気の毒です。大切なあなたのわんちゃんを助けられなかったことを申し訳なく思います」と言うことが精いっぱいでした。

命を救えなかったことは獣医師として敗北であると考え、ただひたすら技術を高めて病気を治すことだけを考えた時期もありました。

しかし今、本当に有り難いことに、人と人が話をしてわかり合えるように、私は犬たちと話をすることができ、気持ちを聞いて、心を通わせることができます。

もう少しで人生を終えるかもしれない。そのような重篤な状態のわんちゃんには、

「今の状態では、時間はあとわずかしか残っていないようだよ。私ができることはすべてしてあげたい。何をしてほしい？」

と聞きます。

そうするとたいていのわんちゃんは、飼い主さんに気持ちを伝えたいと言ってきます。私は心配する飼い主に、

「あなたの大切なわんちゃんは、そろそろ人生を終えようとしています。そして、今の気持ちをあなたに伝えたいと言っています」

と、その子の気持ちを飼い主に伝えます。

これまでたくさんの犬たちを看取ってきた中で、間違いなく言えることがあります。それは、最期を迎えた犬たちが飼い主に伝える思いは、あまりにも愛情と感謝にあふれているということです。

あるわんちゃんは旅立つ前に言いました。


先生、ママに伝えてほしいの。

これまでの16年間の人生は、すべてが幸せだった。

いつもおいしいごはんを用意してくれて、どんなに暑くても寒くてもいっしょに散歩をしてくれて、そして、いっしょに家の中で時間を過ごしてくれた。

ママの顔を見るたびに、いつも感謝していたよ。

ママに伝えてほしい。

私は世界一の幸せ者だと。

死んだら私もさびしいけれど、どうか悲しまないでください。

そして、どうか謝らないでください。

私は魂となってママに感謝し続けるから、その声を聞いてください。

ママ、大好き。

ママ、本当にありがとう。


そう伝えたあと、その子は自分で予告したとおり、数日後、大切なママの腕の中で人生を終えました。

どうか悲しみ続けないで

私は、年を取ってそれほど先が長くないわんちゃんとその飼い主さんに対し、いざというときのために死後教育を行なっています。

わんちゃんには、

「肉体から魂が離れるとき、不安に思うかもしれないけれど、心配しなくてよいこと」

「空に光のトンネルが見えたら、そこに行けば生まれ変わる準備ができること」

「犬は約8年後に生まれ変わること」

「死んだらすべてが終わりではないこと」

を伝えます。

そして飼い主さんには、

「命あるものはすべて亡くなることが宿命であり、それは間違いなくやってくること」

を伝えます。

愛犬が亡くなってさびしい思いをするのは当たり前のことであり、悪いことではありません。亡くなった子に「さびしいよ」と声をかけることも何の問題もありません。

しかし、悲しみのあまり泣き暮らしたり、助けられなかったと自分を責め続けたり、かかった病院の獣医師を恨んだりするようでは、愛犬が悲しむだけです。

あなたが何か月も何年もそんな状態を続けるようでは、あなたを愛してやまない愛犬は、「自分がもっとがんばって生きれば、大切なママがこんなに悲しむことはなかった、悪いのは自分だ」と考えるでしょう。

そして、生まれ変わりの場である中間世に戻らず、いつまでも飼い主のそばにいて慰めようとします。

これは、犬にとっても飼い主さんにとっても不幸なことです。


もしあなたの愛するわんちゃんが亡くなったら、その子がどれほどすばらしい存在だったか、いっしょに暮らすことができてどれほど幸せだったかを感謝してください。そうすれば愛犬は、自分は家族の役に立った、自分は役割を十分に果たしたと心から満足して、安心して次の世界に進むことができます。

愛情を注いでお世話をし、ともにいてくれた飼い主さんのことを、犬や動物たちは忘れることはありません。「いつまでも忘れないよ」という気持ちとともに、あなたのもとへ来て愛情をくれたことに感謝しましょう。

そして、亡くなってからも、新たに生まれ変わって使命を果たしていることを思い、愛情を送り続けてあげてほしいと思います。

高江洲 薫

たかえす・かおる

獣医師、アニマルコミュニケーター。

たかえす動物愛護病院院長、日本アニマルコミュニケーション協会代表、ヒーリングセンターアルケミスト代表。


動物関係の専門学校の運営などを経て、1989年、たかえす動物愛護病院を開院。しばらくは一般的な診療を行なうが、気功学との出会いをきっかけに、総合的な癒やしの技術を極め独自のエネルギー療法を確立していく。

日々の診療の中で、動物たちへの深い愛情から彼らの心の声を理解するようになり、独自のアニマルコミュニケーション方法を生み出す。2003年、アニマルコミュニケーター養成コースを開講（2008年からは、一年制のアニマルコミュニケーションカレッジ）。さらに日本アニマルコミュニケーション協会を設立し、日本のアニマルコミュニケーションの第一人者として、積極的に普及と後進の育成にあたっている。また、現在は人の癒やしにも大きくかかわっている。

著書に、『過去世リーディング』（VOICE）『Dr.高江洲のアニマルコミュニケーション』（ビオ・マガジン）がある。

たかえす動物愛護病院
日本アニマルコミュニケーション協会
アニマルコミュニケーションカレッジ

〒213-0002 神奈川県川崎市高津区二子2-7-29　TEL：044-833-4981
http://www.alchemist-japan.co.jp/animal/
animal@alchemist-japan.co.jp

カバー写真…………Mila Atkovska / Shutterstock.com
本文写真……………目良 光、飼い主さん（p114、p121、p124、p191）
©Africa Studio - Fotolia.com、©ots-photo - Fotolia.com、
©DoraZett - Fotolia.com（p6～10、p 215、216）
イラスト……………目良 光
デザイン……………生沼伸子

Special Thanks…取材にご協力くださった飼い主のみなさん（浅川さん、熊谷さん、
亀田さん、畠山さん、瀧さん、ひかるさん、古家さん、三宅さん、
中澤さん、石川さん）

犬の気持ちがもっとわかる本

著者…………………高江洲 薫

発行…………………株式会社 二見書房
東京都千代田区三崎町2-18-11
電話 03（3515）2311［営業］
03（3515）2313［編集］
振替 00170-4-2639

印刷…………………株式会社 堀内印刷所
製本…………………株式会社 村上製本所

ISBN978-4-576-15026-0
http://www.futami.co.jp